企鹅的玻璃心

QIEDEBOLIXIN

□川 编著

中国出版集团
现代出版社

企鹅之家 /57

目 录

绅士的秘密　/73

目录

● 绅士的生活

企鹅是种憨态可掬的小动物，可以在水中嬉戏，也能在陆上行走。凡是登上南极陆地的人们，首先注意到的就是成群结队、满山遍野的企鹅。企鹅给南极洲冷落、寂寞的冰雪世界带来了生机和活力。企鹅是南极的土著居民，人们把它称为南极的象征，当之无愧。但是，这可爱的南极绅士生来就在南极吗？为什么北极没有企鹅？企鹅是鸟类，为什么却不会飞翔？这些企鹅的秘密，让我们来一一揭晓。

企鹅概述 >

企鹅的特征为：不能飞翔；身体为流线型，以便在水里游泳；脚生于身体最下部，故呈直立姿势；趾间有蹼；跖行性；前肢成鳍状；羽毛短，以减少摩擦和湍流；羽毛间存留一层空气，用以绝热。背部黑色，腹部白色。各种企鹅主要区别在于头部色形和个体大小。

1620年法国的Beaulier船长在非洲南端首度惊见会潜游捕食的企鹅时，称其为"有羽毛的鱼"。

企鹅是地球上数一数二的可爱动物。世界上总共17种企鹅，它们主要分布在南半球：南极与亚南极地区约有8种，其中在南极大陆海岸繁殖的有两种。但是在炎热的非洲大陆南非旅游城市开普敦也有企鹅。企鹅常以极大数目的族群出现，占有南极地区85%的海鸟数量。

和鸵鸟一样，企鹅是一群不会飞的鸟类。虽然现在的企鹅不能飞，但根据化石显示的资料最早的企鹅是能够飞的哦！直到65万年前，它们的翅膀慢慢演化成能够下水游泳的鳍肢，成为目前我们所看到的企鹅。

身体结构 〉

企鹅本身有其独特的结构：企鹅羽毛密度比同一体型的鸟类大三至四倍，这些羽毛的作用是调节体温。虽然企鹅双脚基本上与其他飞行鸟类差不多，但它们的骨骼坚硬，并比较短及平。这种特征配合有如船桨的短翼，使企鹅可以在水底"飞行"。南极虽然酷寒难当，但企鹅经过数千万年暴风雪的磨练，全身的羽毛已成为自己的冰甲。

企鹅是一种最古老的游禽，它很可能在穿上冰甲之前，就已经在南极安家落户了。它的"外衣"逐渐变成重叠、紧密连接的鳞片状。这种特殊的羽衣，不但海水难以浸透，就是气温在零下近100℃，也休想攻破它保温的防线。企鹅的盐腺可以排泄多余的盐分。由于企鹅双眼有平坦的眼角膜，所以可在水底及水面看东西。双眼可以把影像传至脑部。企鹅是一种鸟类，因此企鹅没有牙齿。企鹅的舌头以及上颚有倒刺，以适应吞食鱼虾等食物，但是这并不是牙齿。

在陆地、冰原和海冰上栖息。在企鹅的一生中，生活在海里和陆上的时间约各占一半。

成年企鹅每年全部羽毛更换一次。换羽时不能入水，通常躲在鸟群以外的一个掩蔽地点。企鹅不会飞，善游泳。在陆上行走时，行动笨拙，脚掌着地，身体直立，依靠尾巴和翅膀维持平衡。遇到紧急情况时，能够迅速卧倒，舒展两翅，在冰雪上匍匐前进；有时还可在冰雪的悬崖、斜坡上，以尾和翅掌握方向，迅速滑行。企鹅游泳的速度十分惊人，成年企鹅的游泳时速为20~30千米，比万吨巨轮的速度还要快，甚至可以超过速度最快的捕鲸船。企鹅跳水的本领可与世界跳水冠军相媲美，它能跳出水面2米多高，并能从冰山或冰上腾空而起，跃入水中，潜入水底。因此，企鹅称得起游泳健将、跳水和潜水能手。

企鹅的食物随着种群、地理区域和季节的不同而异。大多数较小的南方企鹅以在南极富氧水面达到很高密度的磷虾为食，大型的企鹅同时也可以鱼为食物，在水中捕食的时候，由于企鹅是靠肺来呼吸，所以每隔一段时间需要到水面上换气，例如：帝企鹅在水中捕食的时候

生活习性 >

可以说企鹅是最不怕冷的鸟类。它全身羽毛密布，并且皮下脂肪厚达2~3厘米，这种特殊的保温设备，使它在零下60℃的冰天雪地中，仍然能够自在生活。

企鹅是海洋鸟类，虽然它们有时也

可以呆20分钟左右，一次最少可以捕6条鱼。企鹅的大群体消耗的食物量惊人，一天超过几吨，出海一次可达数周，成群捕食鱼、乌贼和甲壳动物。因此，企鹅作为捕食者在南大洋食物链中起着重要作用。企鹅在南极捕食的磷虾约3317万吨，占南极鸟类总消耗量的90%，相当于鲸捕食磷虾的一半。

企鹅的天敌为豹形海豹或逆戟鲸。澳大利亚–新西兰和南极附近地区的南非海狮属和新海狮属的海狮也捕食企

海豹

鹅。

企鹅的栖息地因种类和分布区域的不同而异：帝企鹅喜欢在冰架和海冰上栖息；阿德利企鹅和巴布亚企鹅既可以在海冰上，又可以在无冰区的露岩上生活；在亚南极的企鹅，大都喜欢在无冰区的岩石上栖息，并常用石块筑巢。企鹅喜欢群栖，一群有几百只，几千只，上万只，最多者甚至达10~20多万只。在南极大陆的冰架上，或在南大洋的冰山和浮冰上，人们可以看到成群结队的企鹅聚集的盛况。有时，它们排着整齐的队伍，面朝一个方向，好像一支训练有素的仪仗队，在

逆戟鲸

等待和欢迎远方来客；有时它们排成距离、间隔相等的方队，如同团体操表演的运动员，阵势十分整齐壮观。

　　企鹅的性情憨厚、大方，十分逗人。尽管企鹅的外表显得有点高傲，甚至盛气凌人，但是当人们靠近它们时，它们并不望人而逃，有时好像若无其事，有时好像羞羞答答，不知所措，有时又东张西望，交头接耳，叽叽喳喳。那种憨厚并带有几分傻劲的神态，真是惹人喜欢，也许，它们很少见到人，是一种好奇的心理使然吧。

交配与繁殖 〉

无论哪种类型的企鹅，都是一夫一妻制，和人一样，企鹅也会选择自己喜欢的对象，但有时又会离婚和再婚。

同一种企鹅的繁殖周期与纬度、地理分布和体型有关。有的种群长途迁移到内陆的祖传营巢区去产卵，合恩角企鹅和小企鹅一年繁殖两次，大多数种一年仅繁殖一次。而王企鹅则三年内繁殖两次。王企鹅和帝企鹅每次产卵1枚，而其他种则产两枚，偶为三枚。大多数企鹅在南半球的春夏季繁殖。巴布亚企鹅的某些种群也在冬季繁殖。帝企鹅发育时间长，故在秋季丌始繁殖，以使幼雏在成活率机会最大的夏季产出。

当企鹅入群和离群时，常有种种表演和鸣叫。求偶配对时，常有求偶鸣叫，鸣声在两性之间有二态性。合恩角企鹅鸣声似驴鸣。到繁殖季节，帝企鹅能找到旧巢及旧配偶。除帝企鹅只由雄鸟担任外，所有种都由两性孵卵。在交配时企鹅群中十分热闹，鸣声聒耳，到孵卵时则一片寂静。卵和雏鸟的死亡率决定于气候条件、幼鸟在生殖种群的百分比和敌害等因素，一般为产卵总数的40%~80%。产卵后，雌鸟常常离群到海洋觅食，约

12

10~20天后回来替换雄鸟，以后便以一两周为期互相轮换。但雌性帝企鹅从鸟群到海洋需要走80~160千米，一直到64天孵卵期之末才能返回；此时正值南极严冬，雄帝企鹅互相依靠在一起，每个雄帝企鹅都会将卵置于足上孵化，并靠体内储存的脂肪生活；直到严冬过去，雌性帝企鹅回来后，雄帝企鹅将幼雏移交于雌性帝企鹅足上。

企鹅幼雏从卵壳孵出需24~48小时，孵出后即表现有取食行为，将嘴放入亲鸟口腔，取食成液状的吐出的甲壳类或鱼类食物。开始时，幼鸟藏在亲鸟身下；逐渐长大后，幼鸟停留在亲鸟体侧。幼鸟从孵化到完全独立的期限，较小的企鹅要2个月，帝企鹅需5个半月，王企鹅12~14个月。半成熟的幼雏会成群由成鸟照管，如在"托儿所"内一般。

麦哲伦

企鹅的命名

　　企鹅这种动物在被发现的过程中也有很多故事，1488 年葡萄牙的水手们在靠近非洲南部的好望角后第一次发现了企鹅。但是最早记载企鹅的是历史学家皮加菲塔。他在 1520 年乘坐麦哲伦船队在巴塔哥尼亚海岸遇到大群企鹅，当时他们称之为不认识的鹅。人们早期描述的企鹅种类，多数是生活在南温带的种类。

　　到了 18 世纪末期，科学家才定出了 6 种企鹅的名字，而发现真正生活在南极冰原的种类是 19 世纪和 20 世纪的事情。例如，1844 年才给王企鹅定名，响弦角企鹅 1953 年才被命名。企鹅身体肥胖，它的原名是肥胖的鸟。但是因为它们经常在岸边伸立远眺，好像在企望着什么，因此人们便把这种肥胖的鸟叫作企鹅。

14

● 企鹅的进化

在南极大陆没有任何一种生物，能有庞大的阵势与企鹅相比，不论是贼鸥还是南极海豹，在数量上都相差甚远。千百万年来，企鹅家族一起构筑了南极地域的生命色彩，当之无愧地成了这里的主人，让这片冰雪之地不再荒凉。

物种溯源 〉

企鹅的祖先是什么样的，它们会不会飞行？

1887年，孟兹比尔提出过一个理论，认为企鹅有可能是独立于其他鸟类，单独从爬行类演变进化而来。企鹅的鳍翅不是鸟类的翅膀变异形成的，而是由爬行类的前肢直接进化形成的，企鹅根本没有经历过飞翔阶段。后来，科学家们在南极发现了一种类似企鹅的动物化石，它高约1米、体重有9千克，具有两栖动物的特征。这个发现似乎印证了孟兹比尔的猜测。

1981年，日本也发现了一种类似企鹅的海鸟化石。专家认为，这是一种距今3000万年、不会飞的原始企鹅的化石，或许它就是现代企鹅的史前祖先。

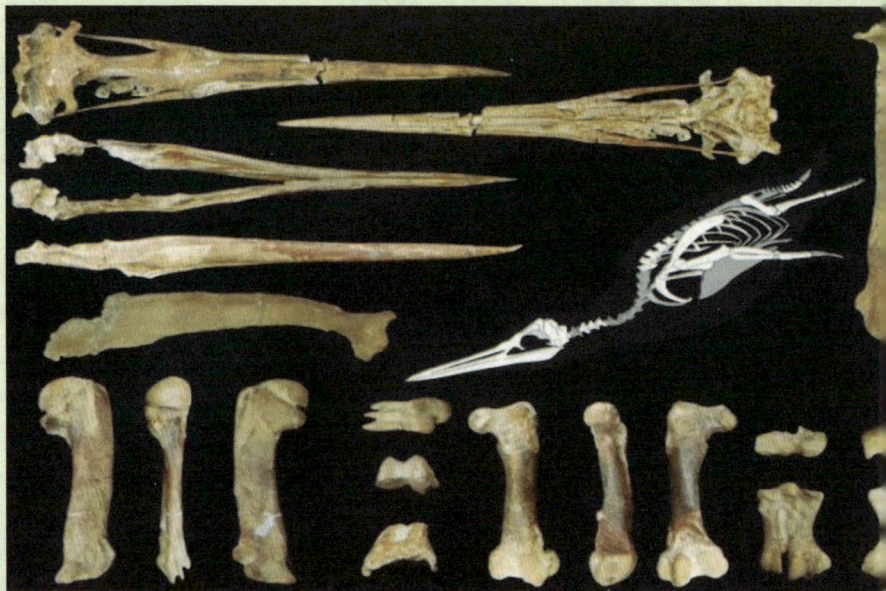

16

企鹅化石

近年，鸟类学家在研究了北半球的海鸦化石的构造之后提出，距今3000万年前美洲沿岸生活的一种海鸦可能与企鹅的起源关系密切。这种已灭绝了的海鸦也是一种不会飞行的海鸟。科学家们认为，尽管企鹅与海鸦，一个生活在南半球，一个生活在北半球，但它们骨骼形体却有许多相似之处，不能非亲非故吧？

从以上证据来看，企鹅的祖先就是一种不能飞翔的动物。但是，有些动物学家对此持不同看法。他们依据多年积累的研究资料，断言企鹅的祖先应该是会飞行的。因为从现代企鹅的身体结构上依然能找到它们会飞翔的远祖遗留给后代的烙印。

企鹅进化 ❯

科学家在秘鲁南部海岸出土了一些巨型的热带企鹅的化石残骸。这是一种已经绝迹的企鹅，身高至少达1.5米，体型大得让研究人员也感到非常震惊。就连目前生活在地球上的最大的企鹅——身高1.2米左右的帝企鹅，在它面前也十分逊色。

此外，这种巨型企鹅还是目前所有已知水禽中鸟喙最长的。它的喙长达18厘米，比头骨还要长出两倍多。据估计，这种巨型企鹅生活在距今大约3600万年前。

除了巨型企鹅之外，古生物学家还在秘鲁南部海岸发现了另一种已灭绝的

热带企鹅种类。这种热带企鹅身高约0.9米，它们生活在约4 200万年前的远古时期，是目前已知的最古老的企鹅种类之一。

研究人员表示，这两种企鹅的化石残骸，不仅是最完整的，也是迄今为止发现的最早的残骸。它们对研究现代企鹅的进化过程，以及企鹅在海洋中的分布

地点和历史，都提供了全新的角度。

在发现这些化石残骸之前，科学家一直认为，企鹅一直在高纬度地区，直到1000万年前，才首次游到低纬度的赤道水域生活，但新发现的化石残骸将这一时间往前推了整整3000万年。

科学家认为，自从6500万年前恐龙灭绝之后，地球曾经历了一段历史上温度最高的时期。从大约3400万年前，即南极冰盖形成后，地球的温度才逐渐降低。而这两种企鹅在赤道水域生活的时间，都要远远早于地球开始降温的时期。

由秘鲁、阿根廷和美国科学家共同组成的研究小组，对这些在2005年发现的化石残骸进行了详细的研究。美国北卡罗来纳州大学的古生物学家朱莉娅·克拉克表示："我们以前总是倾向认为，企鹅是习惯低温环境的动物——就连今天生活在赤道区域的小企鹅也是这样。"

克拉克说，"但这些新发现的化石，

却可以追溯到过去6500万年中地球上最热的一段时间。这些证据表明，企鹅到达低纬度地区的时间比我们之前的估计还要早3000万年。"

与此同时，两种新企鹅在进化过程中的各种特征，以及它们的生存年代和分布情况，也使研究人员必须对企鹅的整个"家谱"进行改写。

和目前地球上生活的企鹅种类不同，体型巨大的远古企鹅拥有长而窄的喙，尤其是巨型企鹅，它的喙特别长，就像长矛一样。克拉克猜测，这种喙很可能是用来帮助高个子的巨型企鹅吞食大型猎物。不仅如此，远古企鹅还能潜到很深的水下，并能像现代"亲戚"那样在水面下优雅地"滑翔"，边滑翔边捉小鱼吃。

研究人员认为，新发现的这两种企鹅是在地球上的不同区域分别进化的，后来才游到温度更高的赤道水域生活。研究人员相信，巨型企鹅曾在现在的新西兰附近生活，而较小的那种热带企鹅则发源于南极洲。

虽然从这两种已经灭绝的企鹅种类身上能够看出，它们愿意离开南半球纬度较高的低温水域，前往水温更高的地方生活，但克拉克博士表示，并不能因此得

出结论说，现代企鹅也能适应目前的气候变化所导致的高温环境。

克拉克博士说："这些在秘鲁发现的物种是企鹅家族中的早期分支，对现代企鹅而言，它们是相对较远的远房亲戚。"她表示："目前的全球变暖，发生在一个相对要短得多的时间段里。从这些新化石物种上得到的数据，并不能够证明，气候变暖不会给目前生活在地球上的企鹅带来任何负面影响。"

南极企鹅是怎么来的？ ＞

南极企鹅的老家是在什么地方？它们是怎么来的？有一种说法，认为南极洲的企鹅来源于冈瓦纳大陆裂解时期的一种会飞的动物。

在距今2亿年以前，冈瓦纳大陆开始分裂、解体，南极大陆分离出来，开始向南漂移。此时，一群会飞的动物在大海上发现了漂移的南极大陆，它们选择了这块土地并开始它们丰衣足食的生长繁衍。数百万年来，因不需要到处飞翔寻找食物，只需在海里捕鱼，即可填饱肚子，它们的翅膀逐渐退化，就连羽毛也变成了细密针状羽毛，因为食物充足细长的躯体也变得矮胖了。然而，地质变化却从未停息，南极大陆的继续南下直到极点，气候变得越来越冷了，陆地上覆盖了厚厚的冰雪。它们退化的翅膀，已不能将其带上天空。大批的生物开始死去，走投无路，它们只能自我改变，适应变化。随着岁月的流逝，光影的更替，它们守候在这里渐渐地成了南极地区的土著居民。

企鹅的玻璃心

企鹅进化之快惊人，只因冰山崩解无常 ＞

巨大的冰山阻隔了南极一些企鹅的迁徙路线，从而加快了它们的进化速度。生物学家正用这样一种理论，来解释为何现代企鹅与它们6000年前的祖先之间有着如此之大的遗传差异。

每年夏天，南极的阿德利企鹅都会回到同一个地方筑巢、生儿育女。由于每4只幼企鹅中就有1只会夭折，随着时间的推移，筑巢的地方留下了大量不同年代的企鹅遗骸。南极寒冷的气候就像一个天然冰箱，将遗骸中的DNA保存得较为完好，这给研究企鹅的进化史提供了重要依据。

新西兰梅西大学的分子生物学家戴维·兰伯特花了近10年研究阿德利企鹅的DNA，以追溯其进化历程。2002年，兰伯特领导的研究小组成功地提取了古代企鹅的线粒体DNA并进行测序，从中发现企鹅进化速度比其他物种快得多。现在，该小组又提取出了企鹅细胞核的DNA。由于细胞核DNA来自父母双方，而不像线粒体DNA那样仅来自母亲，它能更准确地反映进化速度。

兰伯特等人报告说，新研究发现，在过去6000年里，企鹅积累的基因变化数量之多令人吃惊。研究人员提取了15只6000年前古老企鹅的细胞核DNA，与同一筑巢地的48只现代企鹅的细胞核DNA进行了比较。结果发现，在9个称为"微卫星DNA"的重复短序列中，有4个拉长

了，2个缩短了。在进化史上，6000年是很短的一段时间。一般说来，在企鹅这样一个与外界隔绝的稳定物种中，这么短的时间不应有如此之大的变化。研究人员还说，以前在同一物种内部也没有发现过这么大的变化。

南极冰架有时会崩解，产生漂流的冰山，例如2001年罗斯冰架就曾裂解出一座大冰山。兰伯特认为，类似的事件可能在过去几千年里发生过多次，冰山阻隔了企鹅正常的迁徙路线，导致部分被隔绝的企鹅群落要在新的地方繁殖后代，给当地的企鹅基因库注入新的血统。

崩裂的冰山

23

冰河时代企鹅基因揭示动物如何应对气候变化 〉

美国研究人员发现，从上个冰川时代残留下来的阿德利企鹅骨骼中提取的DNA样本将有助于揭示物种如何应对气候变化。

布里斯班市格里菲斯大学的进化生物学家David Lambert发表了他们对于生活在3.7万年前的企鹅DNA样本的分析成果。兰伯特教授说，对于研究气候变化，企鹅是非常合适的物种。它们在生活环境中感受的温度变化要比赤道地区的那些动物剧烈得多。

自从上一次盛冰期以来，企鹅们已经经历了地球上多次出现的气候变暖。他估计在距今12万年的上个冰期之前，企鹅们就已经存在了。

阿德利企鹅在相当长的时期中都保持了相当大的种群数量，这样的物种并不多见。一个物种通常可以通过地理上的迁徙让自己生活在最适宜的温度中，从而应对气候变化带来的影响。但是阿德利企鹅从没有迁移到别处，它们一直都呆在最冷的地方。

阿德利企鹅能在剧烈的温度变化中生存下来，说明有些物种能够在不迁徙的情况下应对气候变化带来的考验。兰伯特和同事们对南极洲企鹅进化速率的研究或许可以揭开这个现象背后的秘密。

阿德利企鹅

研究人员从在南极极端干燥和寒冷的环境中保存下来的3.7万年前的企鹅骨骼中提取了多份DNA样本。他们将现在南极生活的企鹅妈妈和它们孩子的基因样本进行比对，并再和它们祖先的DNA进行比对。结果显示，3.7年来企鹅代际变化速率一直保持稳定。

这一发现反击了当前生物学者对进化速率的一种认识，他们认为生物进化在短期会加快，而长期则相对较慢。更为重要的成果是，兰伯特和他的团队发现验证了早期的研究成果，阿德利企鹅的进化速率比现在人们想象的要快。这也可能解释为什么这些企鹅能够在气候剧烈变化的环境中存活下来。进化速率和企鹅一样快的动物还有一种新西兰特有的爬行动物大蜥蜴、野牛、棕熊和穴居狮子等。

这些DNA分析将焦点放在基因变化而不是自然选择。所谓"中性"基因对于形成一个演变速率稳定的"生物原子时钟"至关重要。而自然选择造成的结果是生物演化在一段时间内极为迅速，而在其他时期则几乎稳定不动。阿德莱德大学的进化生物学家Jeremy Austin认为这项成果将促使人们质疑进化演变速率对

时间的依赖性。但是要揭示进化速率快慢的话，3.7万年这个周期显然还不够长。生物学界讨论进化速率时，通常会讲到100万年甚至更长周期内的变化。将企鹅和更古老物种的DNA序列进行对比可能更有说服力一些。

兰伯特相信他的团队肯定会在南极大陆更深处的永久冻土层中发现百万年前的企鹅遗迹。

25

● 企鹅家族

帝企鹅是企鹅家族中的"大哥大",帝企鹅身披黑白分明的大礼服,喙赤橙色,脖子底下有一片橙黄色羽毛,向下逐渐变淡,耳朵后部最深,全身色彩搭配和谐匀称,一个个如同穿着全黑的燕尾服和银白色的衬衣长裤,脖子上再系一个金红色的领结,精神饱满,举止从容,像彬彬有礼的绅士。在南极冰川,帝企鹅成群聚集,热闹非凡却又秩序井然,丝毫不乱。王企鹅甘做"老二",做"绅士",王企鹅嘴巴细长,长相"绅士", 颈侧有一明显的橘黄色斑块,是南极企鹅中姿势最优雅、性情最温顺、外貌最漂亮的企鹅。王企鹅步行摇摇摆摆十分笨拙可爱,但遭遇敌害时,它们会迅速将腹部贴于冰面,以双翅快速滑雪,后肢蹬行,迅速离去。除了帝企鹅和王企鹅,在南极还有企鹅家族中的小不点喜石企鹅。分布最广、数量最多的阿德利企鹅,威武刚毅、神气十足的帽带企鹅,以及捕鱼高手巴布亚企鹅和头戴金冠、长相滑稽的浮华企鹅。下面就让我们来认识它们的风采。

阿德利企鹅

巴布亚企鹅

帝企鹅

浮华企鹅

帽带企鹅

帝企鹅(皇帝企鹅) 〉

身高：120cm

体重：30~45千克

外形特色：在眼睛旁及脖子处有亮黄色及亮橘色羽毛

分布地区：南极大陆及沿海

主食：乌贼和鱼类，主要以鱼维生，特别喜欢吃冰鱼

数量：19.5万对

帝企鹅是17种企鹅中体型最大的企鹅，它们生长在南极大陆，不过它们都在酷寒的冬天产卵，在南极大陆沿岸已有42个帝企鹅的栖息地，在那里有20万只的帝企鹅。它们是唯一无需做季节性迁移的高等温血动物。

帝企鹅除了体型居所有企鹅种类之冠以外，同时也是对伴侣最"不忠实"的企鹅——78%的帝企鹅在一年之内会抛弃自己的伴侣；这在一夫一妻制的企鹅世界中相当特别。

雌雄企鹅在外观上几乎无法辨认，但是雄企鹅的体重在孵蛋期间，可损失一半以上（20千克）。在企鹅世界当中，孵蛋的责任由雄企鹅负责。它们的生育季节和别的企鹅正好相反，它们在酷寒的冬季产卵、孵蛋，好让小企鹅能够在夏季食物最充足的时候长大、下海觅食。帝企鹅是"唯一完全"生长在南极大陆的企鹅，但也因为如此，雌企鹅产卵所花费的体力非常巨大（南极冬天的平均气温是摄氏零下60度），通常帝企鹅一次产下1个约4.5千克的蛋。

在5月份雌企鹅生完之后即必须长途跋涉到200千米外的海上觅食以补充

体力，而雄企鹅在2个月的孵蛋期间是不吃东西的。等到2个月后雌企鹅从海上回来，它大老远就会用声音辨别出自己的亲人，而且很高兴地看到自己的宝宝已经孵化。吃得饱饱的雌企鹅会接替雄企鹅的育雏工作，换雄企鹅到海上找东西吃。8月之后企鹅夫妻便会一起照顾它们唯一的小宝贝，每两个星期轮流到海上觅食。为了应对南极冰原冬季的天气，孵蛋期间的雄帝企鹅会聚集在一起——应该说是"挤"在一起或缩在一块儿。

在暴风雪的时候拥挤程度最高可达每平方米10只企鹅！重点是：这群企鹅可不是挤在一起不动而是在内圈的企鹅会慢慢走到外圈，外圈的企鹅则走进去递补空缺，让每只企鹅都能维持体温；在酷寒的南极，唯有形成"生命共同体"才能避免冻死。帝企鹅通常吃乌贼和小鱼，但如果遇到小甲壳类动物，它们也不会拒绝的。企鹅的天敌是海豹，小企鹅的天敌则是贼鸥及海燕。

提到小帝企鹅，它们出生后第一个星期完全待在企鹅爸爸的脚上，并被一层羽毛盖住以维持体温。如果这时候小企鹅不小心掉到地上，不到1分钟就会冻死。健康的小企鹅1个月后就会独立倾向，这时候也长大到无法躲在企鹅爸爸脚上了，在夏季来临前，小企鹅身上的羽毛开始掉，并且换成可防水的新羽毛。

帝企鹅能潜水超过630千米深达20分钟之久以觅食，是可潜水最深的鸟类；其他企鹅的潜水深度不超过200千米。在南极大陆沿岸已有42个帝企鹅的栖息地，最大者为罗斯海中的柯曼岛，在那儿约有20万只，但较温暖的南极半岛却没有。

企鹅的玻璃心

王企鹅 ﹀

身高：80~90cm

体重：15~16kg

外形特色：其外表与帝企鹅相似但颜色更为鲜艳，嘴部也比帝企鹅的长，耳斑有不同的色调及形状。幼鸟有较浅的黄色耳斑及较暗的下颚板，且王企鹅宝宝的颜色为褐色。

分布地区：王企鹅主要分布于亚极区和温带区。如：南非福克兰群岛、南乔治亚岛、南非的南端海域、新西兰南方海域的马奎利岛……

主食：王企鹅最爱的食物是鱼和乌贼，但不是每次潜水都能捕获到食物，大约865次潜水捕食仅86次（10%）成功而已。

数量：100万对

王企鹅是体型第二大的企鹅，其外表与帝企鹅相似，但更鲜艳。王企鹅集体繁殖，有领域性，每对领域的范围约1平方米。不筑巢，每窝下1个蛋，由雌雄轮流孵蛋52~56天。雏鸟孵出时几乎全裸，第一次的绒羽浅灰或褐色，第二次则转为暗褐色，出生约40天加入幼鸟群，10~13个月羽翼丰满。小企鹅会被照顾约一年的时间。5~7岁达到性成熟。企鹅很长寿，据说可以活20~30岁呢！

王企鹅游泳的速度范围在每小时8到10千米。它们是了不起的潜水员；根据纪录它们能潜到510米深的水下并能在水底待18分钟。仅在浮冰区域内的南极洲里能发现王企鹅。这些鸟类能够在0摄氏度的温度下生存。

王企鹅即使在海洋中也一起游泳、进食及潜水。企鹅群为它们的成员提供保护，防止饥饿及寒冷。如果企鹅太热，就会举起它的鳍状肢，让身体的两面暴露在空气中散热。当企鹅饥饿时，它们会开始成群地走在一起，当它们在陆地上用像蛙鞋的双脚笨拙地蹒跚而行时，人

王企鹅宝宝

们喜欢观察企鹅滑稽的走路模样及头部的转动。

对于王企鹅，雪上行走更有效的方法是用它们的肚子作"平底雪橇"般的滑行，使用它们的鳍状肢及腿来推进。在水中，这些鸟类是熟练的游泳及潜水高手。像海豚一样，每隔几英尺企鹅要浮出水面来呼吸。

王企鹅不太有或根本没有嗅觉，它们的味觉也是有限的。它们在陆地上可能是近视的，但在水里面，它们的视力会好一些。由于企鹅有浑厚重叠的油性皮毛形成防水外皮，提供极佳的御寒功能，所以能待在极寒冷的气候里，而且必须要适当保养这身皮毛，它们才能好好地生存下去。王企鹅会在水中作扭动及翻转的动作，用鳍状肢摩擦自己的身体，进行几分钟的梳洗。

王企鹅通过呼叫及一些习惯性的动作来进行沟通和交流，例如头及鳍状臂的摆动、弯腰等等。在争夺地盘时，它们会表现出像瞪眼、指向对方及冲撞之类的好斗姿态。单声的恐吓呼叫，是用来警告掠食者的怒吼。

王企鹅在陆地上没有掠食者，因此它们也不怕人类。在水中，它们的黑白颜色使它们几乎不能被水上及水下的掠食者发现。成年的企鹅主要的掠食者是海豹，大海燕可能造成王企鹅幼鸟三分之一的死亡率。

黄眼企鹅 〉

QI E DE BO LI XIN

身高：70cm

体重：5~6kg

外形特色：黄色的眼睛头上的那条黄带条纹，以及黄色的虹膜

分布地区：新西兰南岛东南及其亚南极群岛

主食：鱼、乌贼。

数量：1500对（非常濒危）

黄眼企鹅属于保育类的动物，体型仅次于帝企鹅与王企鹅。它们居住于新西兰南岛们的企鹅保护区内，既不住在冰上，也不住在岩石上，而是住在海边的灌木丛中。

黄眼企鹅，顾名思义，有着一双黄色的眼睛，毛色白棕相间，和一般黑白毛色分明的企鹅长相不太相同。它们是现有17种企鹅中数量最少的种类，因此已被列为濒临绝种动物，总数不到5000只。黄眼企鹅属于灌木森林企鹅，平时在草丛、森林内筑巢，每天早晨会摇摇摆摆地走上1千米左右的路程，到海中觅食，一直到黄昏时分才会回到陆上，再摇摇摆摆地走回巢中。

黄眼企鹅不像其他企鹅成群栖息在一起，而是以家庭为单位各自筑巢生活。黄眼企鹅的忠诚度非常高，除非伴侣有传宗接代的问题，不然不会另结新欢。黄眼企鹅非常具有家庭概念，每当黄昏时分，黄眼企鹅会成群结队地由海中返回陆上的巢窝。

在新西兰当地的毛利人把黄眼企鹅称作"Hoiho"，意思是大嗓门，因为它们的叫声尖锐且刺耳。黄眼企鹅的叫法是伸长脖子对天大叫，叫时胸肌一鼓一鼓的，且通常一对一分站四方，面对面引吭高歌，乍看像吵架，但这是它们沟通的方式，也不怕扯破了喉咙。当它们不叫时又挺相亲相爱的，常常交头接耳，耳鬓厮磨。

在大海里，黄眼企鹅的觅食环境并不安全，海中的鲨鱼、海豹、虎鲸都是它的可怕敌人，在奥塔哥半岛的黄眼企鹅保护区中，有几只企鹅身上就有着触目惊心的鲨鱼齿痕，被攻击时的危殆惊险，可想而知。

33

帽带企鹅（颊带企鹅、胡须企鹅）〉

身高：70~75cm

体重：4.4~5.4kg

外形特色：帽带企鹅与同属的阿德利企鹅长得相似，唯一不同之处在于它有一条黑色细带围绕在下颚。躯体呈流线型，背披黑色羽毛，腹着白色羽毛，翅膀退化，呈鳍形，羽毛为细管状结构，披针型排列，足瘦腿短，趾间有蹼，尾巴短小，躯体肥胖，大腹便便，行走蹒跚。

分布地区：南极半岛北端西岸的南雪特兰群岛及亚南极岛屿。

主食：鱼

数量：750万对

南极半岛北端西岸的南雪特兰群岛及亚南极岛屿。南桑威奇群岛是南极企鹅的主要聚集地,大约有200万只的帽带企鹅在此繁衍生息,这样庞大的数量,几乎占去了所有南极帽带企鹅总数的三分之一。

其排卵期为11月下旬,每年夏天通常孵出2只幼企鹅。与其他企鹅优先哺育较强壮的幼仔不同,帽带企鹅同等对待幼企鹅。幼企鹅的羽毛在7~8星期后即长丰满。其捕食活动主要在其聚集地附近的海域。尽管其在海上可在白天和晚上觅食,其潜入海水捕食主要集中在午夜和中午。

阿德利企鹅 〉

身高: 70 cm

体重: 4.4~5.4kg

外形特色: 纯黑的背部和白色的身体, 眼圈为白色, 头部呈蓝绿色, 嘴为黑色, 嘴角有细长羽毛。

分布地区: 南极大陆

主食: 磷虾

数量: 250万对

对于小企鹅来说, 它们并不怕冷, 却怕水。初生的阿德利企鹅因羽翼未长成, 薄薄的绒毛不能防水, 要到40天大时才长出有防水功能的羽毛。过多的冷雨使得它们的绒毛经常是湿湿的, 常常感到刺骨的寒冷, 数以万计的"企鹅宝宝"在寒风中冻死。

阿德利企鹅是南极大陆普遍可见的一种企鹅, 也是最受生物学家青睐的企鹅; 阿德利企鹅的研究报告可能比其他16种企鹅的研究报告加起来还要多! 法国探险家得弗里以其妻之名为它们命名。

当阿德利企鹅在海里游泳的时候, 从上看下去, 黑色的背部刚好与海水差不多颜色, 从下看上去, 白色的身体与天空一样颜色, 具保护效果。阿德利企鹅能下潜175米去觅食, 游速可达每小时15千米, 并可跳高达2米上岸, 以逃避海豹的捕食。

它们在海岸附近筑巢, 一个群居地大约有6~100只企鹅, 也可能更多。其栖息地遍布整个南极大陆及临近岛屿, 罗斯海域的阿达里岬是其中最大的栖地, 约有50万只。

阿德利企鹅的配偶关系非常密切,

通常每年繁殖期都是同一个配偶，企鹅夫妇彼此记得对方的叫声，靠着叫声来找到对方。阿德利企鹅一次生2个蛋，愈多企鹅聚在一起愈能互相提防海燕及贼鸥偷袭自己的蛋及小企鹅。

冬天时它们常成群结队出现在浮冰或冰山上活动，春天一到即返回其陆地栖息处，通常雄企鹅会先抵达并以鹅卵石修复自己的巢，雌企鹅则晚数日抵达，在交配后产下2个蛋，并立即交由雄企鹅孵蛋4周；此时雄企鹅已失去一半体重。在喂食时小企鹅常会追着自己的父母亲跑，轻易放弃追逐者往往得不到食物！

巴布亚企鹅(绅士企鹅) 〉

身高：75~90cm

体重：7.5~8kg

外形特色：橘红色的喙和蹼，眼旁有白色羽毛。巴布亚企鹅最大的特征是由脸颊上、眼睛下方开始延伸到头顶上倒三角形白色斑块。

分布地区：南极半岛北端西岸的南雪特兰群岛及亚南极岛屿

主食：鱼、虾

数量：30万对

巴布亚企鹅是生活在英属福克兰群岛的一种鸟类，对深海捕鱼颇为擅长。它的幼鸟前后换羽两次（这在鸟类中独一无二）。主要敌害有贼鸥、豹海豹。巴布亚企鹅非常胆小，当人们靠近它时，会很快地逃走。雌企鹅在南极的冬季产卵，每次2枚，雌、雄企鹅轮流孵卵，先雄后雌，每隔1~3天换班一次。孵卵期较长，达七八个月，小企鹅发育较慢，3个月后才能下水。如果2枚卵都孵化出来，它们就抢着让父母喂自己食物。这时，企鹅父母会逃到一边去，小企鹅们将紧紧地追着父母让喂它们。体大的、年长的小企鹅在比赛中获胜，得到父母的食物，另一只小企鹅只好等下一次了。如果食物不充足，通常第二只孵出来的小企鹅会被饿死。

巴布亚企鹅主要以捕食磷虾等甲壳类动物为生，而鱼类仅占它们的食物的15%。然而，它们都是机会主义者，而福克兰群岛四周的海域有大量的鱼类、甲壳类动物及鱿鱼，因此它们的食物是很多元化的。

在水中，海狮、海豹和杀人鲸均是巴布亚企鹅的天敌。在陆上，成年的巴布亚企鹅并不会受到威胁，但鸟类会偷它们的蛋和幼企鹅。

施莱盖利企鹅（史氏角企鹅、皇家企鹅）

身高：70cm左右

体重：4~5.5kg

外形特色：似马可罗尼企鹅，但脸较白且喙较小。

分布地区：亚南极地区的澳属玛奎丽岛

主食：磷虾、鱼、乌贼

数量：85万对

它是同属的企鹅中唯一的"白脸"，看起来十分的高贵，所以才命名为皇家企鹅。是澳属奎丽岛的特有品种，因受到严重的捕杀，目前仅存不到300万只。它们以超大型规模的族群聚集着，在春末繁殖，每次产2颗卵，但只有第二颗才会受到孵育，小企鹅会在次年的1、2月成熟独立。

皇家企鹅、帝企鹅和王企鹅不是一个种类的企鹅哦！

马可罗尼角企鹅

竖冠企鹅（直冠角企鹅、冠毛企鹅）〉

身高: 60cm左右

体重: 约6.5kg

外形特色: 如巧克力棕色般的眼睛，两眼旁各有一撮向上矗立的冠毛。

分布地区: 分布于新西兰一带水域

主食: 鱼、磷虾及乌贼

数量: 20万对

竖冠企鹅有一个尖长的，像刷子一样的黄色冠毛，这种柔软光洁的羽毛使竖冠企鹅在相似的种类中显得很突出。竖冠企鹅有一种其他冠企鹅所不能的本领，就是竖立起头上的冠毛。在其他有冠毛的鸟类中，竖起冠毛表示侵略。但对竖冠企鹅来说并非如此。事实上，自然科学家并不能确信为什么这种鸟要竖起和奋拉下它的冠毛。

竖冠企鹅仅仅在新西兰南部的4个小岛上繁殖。这是非常友善的鸟，它们的巢在大的繁殖地，常常在冠企鹅的繁殖地内。其数量大概在20万对左右。

41

斯内斯凤头企鹅(响弦角企鹅) 〉

身高：50~60cm

体重：3~4kg

外形特色：头上或眼睛旁都有彩色的冠毛

分布地区：新西兰南边的史纳尔岛

主食：小鱼

数量：23350对

一般来讲，它们的活动范围绝对不会超过史纳尔岛海岸的周围以外，因此不像阿德利企鹅一样有迁移性。

雌雄斯内斯凤头企鹅的身体具有同型结构，也就是说，人类要分辨某只斯内斯凤头企鹅是公是母，得从它们行为上的不同来看才行。

在岛上，平常没什么外来访客，也没有陆地上的天敌，不过斯内斯凤头企鹅的数量据估计只有2.3万对左右，被认为是相当脆弱需要保护的一种企鹅。在海上它们必须提防海狮及海豹，在陆上则要小心大海燕及贼鸥偷袭企鹅蛋和出生不久的小企鹅。

斯内斯凤头企鹅一次产2个蛋，第一个蛋在第二个蛋生下来之后就被丢在一边，只有第二个蛋会被孵抱。

斯内斯凤头企鹅把巢筑在树下或灌木旁，避免大太阳的照射。在繁殖季，它们会出现抢夺"资源"的行为——例如筑巢用的小石子及占领地盘。

马克罗尼角企鹅（长冠企鹅）〉

身高：70cm

体重：4~5.5kg

外形特色：双眼间有左右相连橘色的装饰羽毛

分布地区：南极半岛至亚南极群岛

主食：小鱼及甲壳类

数量：1200万对

由于头顶上有一撮像意大利面的羽毛，因而得名，每到夏季时，成千上万的长冠企鹅会游到南极海中，在布满岩砾的小岛上交配、繁殖。

长冠企鹅善于在岩石间跳跃前进，它们分布于南极半岛往东直到澳属贺德岛之间的亚南极群岛，是数量最多的企鹅，有2400万只，其中一半在南乔治亚岛，其他岛屿各有数百万只，如贺德岛有200万只以上。

它们在夏季繁殖，每次产2个蛋；第一个蛋较小，并且在第二个蛋被生出来以后立即被赶出巢，只有第二个蛋会被孵抱。企鹅的羽毛短小坚硬，就像用来编织地毯的绒毛一样捻成一股一股的，企鹅是靠皮肤下一层厚厚的脂肪保持体温。

43

企鹅的玻璃心

黄眉企鹅（凤冠企鹅、峡湾企鹅、福德兰企鹅）〉

身高：50~55 cm

体重：3~4 kg

外形特色：在头上或眼睛旁都有彩色的冠毛，唯一不同在它的眼睛下方有白斑。

分布地区：新西兰南岛西南岸、史都华岛及邻近小岛

主食：鱼、甲壳类动物、乌贼、浮游生物

数量：1000对

在澳大利亚和南极洲之间辽阔的海洋上，黄眉企鹅是绝对不会缺少食物的，这片群岛是一块非常稀罕的乐园。每年夏天，这些孤立的岛屿四周的水面上，到处是企鹅的身影。它们聚集在一起养育下一代。斯奈尔斯群岛是附近这些企鹅可以抚育子女的仅有的一片岩石。成年企鹅每天要返回巢穴2次，给小企鹅喂食，但与此同时，它们也会因此遭遇到天敌的攻击。海狮有时也以企鹅为食。在离岸50米之外，回家的企鹅们一起在水面上漂荡，直到集结到一定的数目，它们才敢向岸上游去。在混乱的上岸过程中，企鹅正好与它们的天敌海狮正面相遇。尽管到处都是企鹅，海狮也很难抓到猎物，企鹅在水下的身手太敏捷了。海狮有时没有追击猎物，很可能是在寻找虚弱或者受伤的企鹅。

一般来说，身体强健的企鹅在返回的路途中是没有太大危险的。上岸，要非常的慎重，还要有一定的技巧，这些企鹅尽管显得无畏，但也十分的鲁莽和大意。企鹅的自信，源自于自己结实的皮毛和极富弹性的身体，使它们毫不在乎剧烈的撞击。岸边汹涌的激浪，反而给企鹅提供了登陆的动力。在一天2次的往返途中，这些水中的游泳高手，也显示出了高超的攀爬能力。企鹅肯定不是最优雅的登山者，但它们的重心低、脚爪有力、意志顽强，最终总能成功登顶。

山顶上的交通在高峰时也会变得拥堵不堪，还需要越过泥泞的蕨类丛林。

然后, 它们得在一片喧闹中分辨出自己孩子的呼唤声。只有这时, 妈妈和爸爸才能把带回家的食物, 从肚子里回吐出来, 喂给自己的孩子。两个月这样的往返之后, 父母已经接近精疲力竭, 孩子们可以准备自己出海捕鱼了, 它们出发的时候都充满了热情, 但学会捕鱼确实需要一些时间。黄眉企鹅主要繁殖于新西兰南岛西南部地区, 这里拥有新西兰最大的国家公园, 国家公园里面有茂密的雨林, 自然环境大体保持了原貌。

黄眉企鹅的繁殖地点与众不同, 是在森林之中繁殖。新西兰没有大型猛兽, 原产的动物中唯一对企鹅构成威胁的就是不会飞的新西兰秧鸡, 它们会偷食企鹅蛋。黄眉企鹅有了一些新的威胁, 主要是来自人类带来的外来动物, 不过黄眉企鹅的种群大体上是比较稳定的, 受到人类的影响不是很多。 黄眉企鹅只是许多适应性强、敢于接受南方海域挑战的众多动物之一。这些坚强的小企鹅还得越过最后一道难关, 它们不管使用怎样的姿势, 只要跳入大海就获得了成功。

冠企鹅（跳岩企鹅、角企鹅）

身高：45~55cm

体重：2.7kg

外形特色：头部两旁有不相连的黄色装饰羽毛。它与同属的马可罗尼企鹅十分相似，但它头上金黄色的羽毛左右并不相连，而且马可罗尼企鹅比较肥。

分布地区：南极半岛至亚南极群岛。

主食：小鱼及磷虾

数量：370万对

在岩石耸立，高低不平的亚南极地区岛屿上，但也分布于非洲和南美洲的南端地区海域，在新西兰的南部海岸也有分布。大约20%的冠企鹅分布于南极周围的寒冷海域。数量总共约有740万只。

冠企鹅的繁殖地位于非常陡峭的岛屿上，生长环境决定了它们独特的行为举止。这些岛屿几乎是直着从海洋中挺立出来，甚至没有海岸。巨大的石块耸立在陡峭的悬崖上。冠企鹅更喜欢选择陡峭的、垂直于海面的岩石作为它们的巢区，这些地方甚至离海平面约1.6千米。在富克兰新岛的大繁殖地约有300万只的冠企鹅，这些地方离海面约有60米。冠企鹅从悬崖上跳入水中时，是双脚合并，头上脚下地跳入水中，是17种企鹅中唯一以如此方式跳水的企鹅。它们上岸时也是一跃而起，它们从海中回到巢区的路上，也是蹦蹦跳跳向前行进。所以也有人戏称它们为"跳崖者企鹅"。

冠企鹅是一种非常烦躁不安的企鹅，经常迅速攻击对它们有威胁的任何人或物。它们的孵卵方式与长冠企鹅相似，冬季远离陆地，在南大洋上度过。第一枚卵（通常较小）往往是在邻居相互吵闹间就被破坏了。冠企鹅的幼鸟常常聚集在一起，当父母呼唤它们时才回到巢里去吃东西。有时，小企鹅还会追逐父母索要食物。冠企鹅生长很迅速，在它们10周的时候就可以下海游泳了。

企鹅的玻璃心

黑脚企鹅 (非洲企鹅、斑嘴环企鹅) ＞

身高：60 cm

体重：2.5~4kg

外形特色：特色是脸颊的黑色部分，眉毛到头部的白色部分宽阔，眼睛前部是红色的。黑脚企鹅是同属的4种企鹅当中最大的在外形上属于中等体型的企鹅。

分布地区：非洲南部

主食：小鱼及甲壳类

数量：9万对

它们的胸部有黑纹及黑点，每一只黑脚企鹅都有个别的斑点，仿佛人类的指纹。它们眼睛上有粉红色的腺体，若体温上升，体内会有较多血液流经这个腺体，从而降温。雄鸟的体型及鸟喙都较雌鸟的大。黑脚企鹅的鸟喙则较汉波德企鹅的尖锐。它们明显的黑白色是一种伪装：白色是向水底下的掠食者向上看的伪装，而黑色则是向上空的掠食者向下看的伪装。

黑脚企鹅是唯一生长在非洲的企鹅，也是唯一生活在陆地上的企鹅。黑脚企鹅体型比王企鹅小，虽然比较害羞怕生，但抢起食物来相当凶悍，叫声像驴子。

从南非到纳米比亚都看得到黑脚企鹅的踪迹。黑脚企鹅会直接在页岩或泥板岩上挖个洞当作自己的巢。

黑脚企鹅虽然每年会产2次卵，每次产2颗，但其数量依然在不断的减少中，因为除了天敌多明尼海鸥、朱鹭、贼鸥及鲨鱼外，油轮漏油事故也使它们大量死亡。

麦哲伦企鹅(麦氏环企鹅) 〉

身高：60cm左右

体重：4~6kg

外形特色：身体黑色与白色的部分非常的清楚

分布地区：南美洲东南端及南端海岸及岛屿与福克兰群岛

主食：海中的甲壳类及小鱼

数量：40万对

麦哲伦企鹅是温带企鹅中最大一个种类，在企鹅家族中属于中等身材。它们的头部主要呈黑色，有一条白色的宽带从眼后过耳朵一直延伸至下颌附近。

麦哲伦企鹅分布于主要分布在南美洲阿根廷、智利和多风暴的、岩石耸立的南美洲南海岸和富克兰群岛沿海，也有少量迁入巴西境内。每年9月，麦哲伦企鹅在巴西度过冬天后就回到阿根廷和智利进行繁殖。

麦哲伦企鹅可直接饮用海水，并通过体腺将海水的盐分排出体外。在捕食上它们没有特殊的偏好，捕食鱼、虾和甲壳类动物。在饲养小企鹅期间，除了猎物严重匮乏的福克兰群岛附近，成年企鹅的捕食会非常规律地每天进行一次，在白天进行，一般潜水不超过50米，偶尔达到100米的深度。在冬季，它们会扩大捕食范围，向北可达到巴西海域。

每年的9月份，成年麦哲伦企鹅便开始着手坐窝，大约经历一个月左右，雌企鹅在10月中旬开始产蛋，一般每窝会有2只，前后间隔4天产下，每枚蛋在125克左右。孵化期一般为39天至42天，最初由雌

企鹅进行孵化，雄企鹅会离开繁殖区至500千米外的海域觅食，大概经历15天左右的时间，雄企鹅返回接替雌企鹅，由雌企鹅外出觅食。这样交替进行直至小企鹅出壳。

在出生以后，小企鹅需要每天进食，此时企鹅父母会每天轮流到30千米以外的海域进行捕食，早出晚归，共计1个月的时间。

1个月以后，小企鹅已经长出了部分羽毛，此时它们已经可以偶尔到窝外活动。在这个阶段，它们的样貌和成年企鹅有显著不同，身体上部为棕灰色，下部为乳白色，但此时它们一般仅在窝附近的草丛中活动，以很好地躲避天敌并抵御

严寒，因此它们不能像帝企鹅等其他企鹅一样形成由很多小企鹅聚在一起的托儿所。

草丛能够一定程度上帮助小企鹅抵御大风、严寒等多种恶劣天气，但对于某些地区的暴雨、洪水等，草丛也没有用处，不过小企鹅水性很好，很少有溺亡的现象，只是它们的身体很难抵御潮湿和寒冷。本来小企鹅全身的羽毛有一定的防水保温的能力，尤其在干燥季节能够保证体内的水分不会丧失，但它的羽毛没有成年企鹅很好的防水能力，在暴雨、洪水等来临时，它们对于外部的潮湿寒冷往往无能为力，体温下降很快，很容易导致死亡。同时，生活在草丛中，它们的身体也容易生长很多寄生虫。

雌企鹅一般每次会产下2枚大致相等的蛋，如果每枚都孵化成功的话，企鹅夫妇往往会优先饲养首先出世的那只小企鹅，一般后出生的那只小企鹅死亡率比较高。当然，在食物充足的情况下，2只小企鹅都健康成活的可能性也相当大。一般每对企鹅夫妇饲养小企鹅的平均成活率会在1.0到1.6之间，但是在某些食物非常匮乏的地区，如福克兰群岛附近，这个成活率仅为0.5左右。而且在丧失小企

鹅之后，在当年，企鹅夫妇也不会再次产蛋孵化。

根据食物状况的不同，小企鹅长到羽翼丰满需要9到17周的时间，此时小企鹅的样貌会更接近成年企鹅，只是羽毛还是略显灰色，而且没有成年企鹅身上的明显的白色带状羽毛。此时，小企鹅平均体重在3.3千克左右，但在个别地区，如福克兰群岛附近，由于食物的缺乏，平均体重仅有2.7千克。一般体重低于3千克很难存活，目前福克兰群岛上的小企鹅存活率仅有20%左右。

雌性企鹅在4岁达到性成熟，雄性企鹅为5岁，这可能是由于雄性企鹅数量多于雌性企鹅所致，使年轻的雌企鹅比年轻的雄企鹅更容易找到配偶。

据统计，麦哲伦企鹅的总数量在180万对，主要分布在智利、阿根廷和福克兰群岛3处，其中福克兰群岛附近约10万对、阿根廷有90万对、智利有80万对，它们的生存面临多种威胁，目前在世界自然保护联盟濒危物种红色名录中，麦哲伦企鹅的保护现状为近危。

> ## 麦哲伦企鹅和航海家麦哲伦是什么关系

麦哲伦企鹅为什么以麦哲伦的名字命名呢——麦哲伦企鹅因著名航海家麦哲伦1519年第一次环南美洲大陆航行时发现而得名，被世界自然保护联盟列入濒危物种红色名录。

洪堡企鹅（洪氏环企鹅、秘鲁企鹅）

身高：60cm

体重：3~5kg

外形特色：有的背部带有白色斑点

分布地区：南美西岸海岸区域与岛屿

主食：鱼、磷虾及乌贼

数量：1万对

洪堡企鹅是中型企鹅，成鸟体长约65~70厘米。鳍状肢长约17厘米，体重约4千克。寿命20年。洪堡企鹅除了身体颜色与其他种类的企鹅相仿外，最大的区别在于它的脸上有黑色的条纹。头部呈黑色，有一条白色宽带从眼后过耳朵一直延伸至下颌附近；下颌基部有一个肉粉红色条纹延伸至眼睛；背部、尾巴、脚和蹼均为黑色；有的背部带有白色斑点。有一道宽带环绕胸前如围着一条黑色的"围巾"。

与世界上大多数企鹅相比，洪堡企鹅更喜欢生活在较温暖的地区，为了适应温暖的气候，它们的羽毛变得特别短小。人们对洪堡企鹅的活动范围怎么能延伸到洪堡岩岸的亚热带而感到奇怪，其实，这是因为从南方来的寒冷海流很适合洪堡企鹅的体温的需要。这些水域中还含有十分丰富的食物。洪堡企鹅体型不大，可是游起泳来时速达到60千米。在晚上，它们会连续不断地呼叫，叫声喧闹似驴。它们是群居性的鸟类，非常羞怯，休息时会把头藏在鳍脚下面。

洪堡企鹅在换羽期一天之内会脱落身体上所有的羽毛，除了头部的羽毛。这需要几个星期的时间生长出新羽毛，为此每年在褪毛期会有大概3个星期的时间远离其他企鹅同伴，自己躲避起来直至新羽毛长出来。新的"游泳衣"让洪堡企鹅表现出一种不太适应的样子。

洪堡企鹅的繁殖地位在南美洲西岸秘鲁和智利的岛屿上，其范围限制在洪堡寒流流经的沿岸，生殖季节可持续1年，在坑、缝隙和沙坑中筑巢，每年3月和10月产卵2次，每次产2至3枚卵，卵一般长7.5厘米，重达132克，相当于普通鸡蛋（50克左右）的3倍。"一夫一妻"制，夫妻轮流孵卵。60天后小企鹅破壳而出。

加拉帕戈斯企鹅 (加拉巴戈企鹅、加岛环企鹅) >

身高: 40~45cm

体重: 1.6~2.5kg

外形特色: 加拉帕戈斯企鹅背部呈黑色, 腹部呈白色, 并有一些黑色羽毛形成的斑点。

分布地区: 南美赤道附近的加拉帕戈斯群岛

主食: 南极磷虾

数量: 800对

加拉帕戈斯企鹅是温带企鹅家族中最小的一种, 直立时的高度仅仅为45厘米, 鳍脚长约10厘米。背部呈黑色, 腹部呈白色, 并有一些黑色羽毛形成的斑点。一条白条从粉红色的眼睛处延伸到另外一侧, 一条并不明显的灰黑色的条纹穿过胸部。细长的鳍脚底部有淡淡的黄色。鳍脚下的羽毛从白色的下巴处延伸下来。鳍脚下裸露的皮肤和眼睛周围的皮肤是粉红色的, 还带些黑色斑点。

加拉帕戈斯企鹅是所有企鹅中分布最北端的企鹅, 也是唯一的赤道区企鹅, 它们生活在厄瓜多尔以西太平洋海域赤道附近的加拉帕戈斯群岛上。加拉帕戈斯企鹅是真正的热带企鹅, 它们在炎热的赤道附近的孤岛上繁殖, 当地的气温高达40℃, 海水表面的温度也可达到14℃~29℃。即便如此, 加拉帕戈斯企鹅也和其他企鹅一样, 在冷水中寻觅食物和繁殖。

对加拉帕戈斯企鹅来说保持凉爽的身体温度是一个非常困难的问题。它们白天在冷水中寻找食物, 用冷水保持身体的温度; 夜晚则在陆地上度过。在陆地上, 它们用鳍脚遮蔽着下半身, 弓着身子遮蔽着脚, 让阳光照耀在它们的背上。天热时, 把鳍脚伸展开来以增大热量的散失, 在非常炎热的气温下, 它们会像狗一样通过快速的喘气来散发身体的热量或者从身体的末端散失热量 (脚、鳍脚或身体的下半部)。当天气太热时, 那些没有繁殖的企鹅便不再留在陆地上, 而是跳入水中。

小蓝企鹅(神仙企鹅) ＞

身高: 35~40cm

体重: 1kg

外形特色: 背上深蓝色蓝得发亮的羽毛

分布地区: 大洋洲

主食: 鱼以及甲壳类浮游生物

数量: 50万对

生长在澳大利亚、新西兰的小蓝企鹅，身高大约只有41厘米，体重约1千克，不但对一只企鹅来说实在有点小，而且是所有企鹅当中体型最小的。它们通常只在夜间活动，而且胆子非常小。

小蓝企鹅有许多当地称呼的非正式名称，例如:小企鹅、神仙企鹅及蓝企鹅。

小蓝企鹅外表的特色，除了明显偏小的身材，还有蓝得发亮的美丽深蓝色羽毛"外套"。它跟同一属的亚种"白鳍企鹅"的最大差别，在于白鳍企鹅的"外套"是类似石板的灰色及两鳍的白色边缘。雌性及雄性的小蓝企鹅具同型结构，无法从身体外观辨认。它们的寿命约18~20年。

小蓝企鹅的生态有时因为与人类环境合而为一而各有不同，小蓝企鹅的繁殖季节在春夏季，跟其他企鹅差不多，一次会生下2个蛋。它们的天敌是在巢穴附近虎视眈眈的哺乳类动物:老鼠、短尾鼬、黄鼠狼;成年的小蓝企鹅尚须提防贼鸥及海上的猎食者。

小蓝企鹅的数量目前稳定维持在100万只左右；然而它的亚种白鳍企鹅的数量有减少的趋势。

小蓝企鹅生长在澳大利亚南部及新西兰，因地理环境不同而形成3个亚种，用背上羽毛的颜色为辨认特征。位置最北边的神仙企鹅有苍白的蓝灰色的背部羽毛，它们育雏的地点包括：澳大利亚东南部的墨尔本、悉尼之间的海岸、澳大利亚西南部海岸、塔斯码尼亚及贝丝海峡上的小岛、新西兰北岛全部及南岛北端等等。另一亚种的地理位置在神仙企鹅的南边，包括奥塔戈、新西兰南岛的西部、史都华岛等等，其背部羽毛是深铁灰色。还有一种只生活在Chatham岛的小蓝企鹅亚种，其嘴巴颜色比较深。

小蓝企鹅的巢穴筑在海岸旁的沙丘，人类说它们是夜行性动物，是因为我们晚上才能看到小蓝企鹅，那白天的时候呢？答案是：企鹅们出海找食物去了！小蓝企鹅会出海一整天寻找食物，至傍晚天色暗了之后才回巢。

刚才说小蓝企鹅的巢穴筑在海岸旁，但实际上岸之后企鹅还要走一段路，有人把它们傍晚归巢的情况称为企鹅"游行"。澳大利亚维多利亚省所属的菲利普岛是素负盛名的企鹅观赏点，距墨尔本数千米之外的菲利普湾港口还有一个小蓝企鹅的聚集地呢。

> **企鹅之最**

体型最大的企鹅：帝企鹅

体型最小的企鹅：小蓝企鹅

游泳最快的企鹅：巴布亚企鹅

● 企鹅之家

在大众的印象中，企鹅总是和南极洲联系在一起的，但事实上，世界上的17种企鹅中，主要繁殖在南极大陆的只有帝企鹅和阿德利企鹅这两种，这两种企鹅也不是数量最多的企鹅。算上偶尔在南极半岛繁殖的白眉企鹅和纹颊企鹅，总共在南极大陆繁殖的企鹅也不过4种，而仅仅在南极大陆繁殖的企鹅则只有帝企鹅这一种。大多数企鹅的繁殖地点都是在南半球的一些海岛上，这些海岛有些临近南极洲，有些则很远，甚至位于赤道附近。

下面就对一些比较著名的"企鹅岛"进行一番简单的介绍。

57

最方便看到企鹅的地方——澳大利亚菲利普岛 ＞

与其他著名的"企鹅岛"相比，澳大利亚的菲利普岛算不上是企鹅的重要栖息地，但是菲利普岛的位置使其成为了看企鹅最方便的一个地方，从而闻名天下。菲利普岛是位于墨尔本东南方向的一个小岛，和大陆用桥相连，交通非常方便。澳大利亚只有一种企鹅在本土繁殖，就是体型最小的小企鹅，小企鹅有个独特的习性，只有在晚上才登上陆地，而在菲利普岛，每天晚上差不多在相同的时间，成群的小企鹅会登上陆地。在菲利普岛，专门修建了观察小企鹅登陆的场所，供游人们在此地守候小企鹅的到来。方便的交通和配套设施使得来墨尔本旅游的人可以很方便地一睹成群小企鹅登陆

58 的壮观景象。

最大的"企鹅岛"——新西兰 〉

新西兰是个与众不同的"企鹅岛"，与其他"企鹅岛"相比，新西兰面积要大很多，甚至比其他所有"企鹅岛"的面积之和还要大很多很多倍。新西兰拥有郁郁葱葱的森林，不像很多"企鹅岛"那样的贫瘠。新西兰是3种企鹅的主要繁殖地：小企鹅、黄眼企鹅、黄眉企鹅。虽然小企鹅最著名的栖息地是澳洲的菲利普岛，但是新西兰才是它们的大本营，不仅亚种的数量要多于澳大利亚，而且其中的一个亚种还被一些学者认为是独立的物种，即白鳍小企鹅。小企鹅在新西兰分布广泛，南北岛各地沿海都有分布。新西兰最著名的企鹅是黄眼企鹅。黄眼企鹅是新西兰的特产，而且是现存数量最少的企鹅之一。黄眼企鹅繁殖在新西兰南岛东岸一带，新西兰南岛的居民主要居住在东部地区，因此对黄眼企鹅造成了一定的影响。黄眼企鹅原本数量并不多，因为人类活动以及外来动物的影响，在40年的时间内数量又下降了75%，现在仅存数千只。黄眉企鹅主要繁殖于新西兰南岛西南部地区，这里拥有新西兰最大的国家公园，国家公园里面有茂密的雨林，自然环境大体保持了原貌。

特有企鹅的大本营——新西兰附近岛屿 ›

奥克兰群岛

似。在斯奈尔斯群岛尚无人类活动的影响，企鹅的的主要天敌是新西兰海狮，其他天敌则包括海豹和贼鸥等。翘眉企鹅以眉冠向上翘起而易于辨认。翘眉企鹅主要繁殖于新西兰以东的安蒂波迪斯群岛和邦蒂群岛，少数繁殖于新西兰以南的坎贝尔岛和奥克兰群岛。安蒂波迪斯群岛和邦蒂群岛均面积不大，前者的面积为20.5平方千米，后者的面积仅1.4平方千米。翘眉企鹅受到的威胁不多，虽然分布地区面积不大，但是数量尚比较多，两个群岛分别有10万对左右。相比之下，坎贝尔岛和奥克兰群岛只有少数翘眉企鹅繁殖，不过这两个地方是凤头黄眉企鹅的重要栖息地。凤头黄眉企鹅是黄眉企鹅中体型最小的成员，它和黄眉企鹅中体型最大的长眉企鹅是世界上分布最广泛、数量最多的两种企鹅。但是不幸的是，凤头黄眉企鹅的数量在近几十年的时间内大大地减少了。坎贝尔群岛的凤头黄眉企鹅的数量减少得最多，在1942年的时候多达160万对，到了1985年却只有

新西兰附近的一些岛屿可以说是企鹅最重要的栖息地，其中包括一些企鹅唯一的繁殖地。在这一地区特有的企鹅包括斯岛黄眉企鹅、翘眉企鹅和白颊黄眉企鹅，它们都是黄眉企鹅属的成员，这里也可以说是黄眉企鹅属的分布中心。斯岛黄眉企鹅仅在新西兰以南150千米处的斯奈尔斯群岛繁殖，其各方面特征和在新西兰南岛的近邻黄眉企鹅非常相

10万对了。奥克兰群岛的种群也在20年的时间内减少了大约一半。白颊黄眉企鹅的繁殖地局限于麦阔里岛及附近地区。麦阔里岛虽然位于新西兰以南，却归澳大利亚的塔斯马尼亚州管辖。麦阔里岛的面积为128平方千米，除了白颊黄眉企鹅之外，这里还是凤头黄眉企鹅、王企鹅和白眉企鹅的繁殖地，可以说是澳新地区乃至世界上最重要的"企鹅岛"之一。白颊黄眉企鹅和长眉企鹅是体型最大的两种黄眉企鹅，二者比较接近，有人认为白颊黄眉企鹅就是长眉企鹅的一个亚种。麦阔里岛上除了多种企鹅之外，还有新西兰海狗、南极海狗和南象海豹，它们对企鹅构成了一定威胁。繁殖期的企鹅的主要天敌是贼鸥，而100多年前从新西兰引进的新西兰秧鸡则是新的威胁。不过对麦阔里岛上的企鹅最大的威胁则是19世纪时人们的捕捉，大规模的捕捉曾经导致企鹅濒于灭绝，不过现在这里已经划归世界遗产，企鹅的数量也基本上恢复了原来的水平，光是白颊黄眉企鹅就有大约85万对，这是各种分布局限的企鹅中数量最多的。麦阔里岛的王企鹅数量也是居于世界上前4位的。

王企鹅

南极海狗

61

加拉帕戈斯群岛

赤道上的"企鹅岛"——加拉帕戈斯群岛 ＞

提到企鹅，很少有人会和赤道联系起来，但是位于赤道上的加拉帕戈斯群岛的确是企鹅的栖息地。加拉帕戈斯群岛以特有的物种而闻名，达尔文就是在群岛访问的时候看到了这些奇特的物种才激发了进化论的思想。加岛企鹅是群岛的特产，也是体型第二小的企鹅，仅大于澳新地区的小企鹅。即便在加拉帕戈斯群岛上，加岛企鹅的分布也是局限的，其繁殖地仅仅是群岛中的费尔南迪纳岛沿海地区和伊沙贝拉岛的西部沿海，这两个地区是群岛的最西部。加岛企鹅是数量最少的企鹅之一，它们受到的最大威胁来自厄尔尼诺现象。加拉帕戈斯群岛虽然地处赤道，但是其海域有寒流流过，寒流带来了丰富的冷水性海产，为企鹅提供了丰富的食物。加岛企鹅通常是在海水温度比较低的时候繁殖，但是厄尔尼诺现象让海水的温度升高，繁殖的企鹅无法得到足够的食物从而繁殖失败率大大提高。类似的危机在加岛企鹅的近亲和邻居秘鲁企鹅身上也发生了，在厄尔尼诺现象的影响下，秘鲁企鹅也成了数量最少的企鹅之一。

62

加岛企鹅

在战争中幸存的"企鹅岛"——马尔维纳斯群岛 〉

说起马尔维纳斯群岛（福克兰群岛），很多人会想起当年阿根廷政府和英国政府为争夺岛屿主权而发生的战争，好在这场战争并没有对岛屿造成太大的破坏，马尔维纳斯群岛到现在还是重要的企鹅繁殖地。马尔维纳斯群岛并没有特有的企鹅种类，但是岛上繁殖的企鹅种类和数量均非常多，凤头黄眉企鹅、长眉企鹅、白眉企鹅、麦哲伦企鹅和王企鹅都在这里出现，这里也是凤头黄眉企鹅、白眉企鹅和麦哲伦企鹅的最大的繁殖地之一。在凤头黄眉企鹅的数量大幅度下降之前，这里大约有250万对，但现在只有30~40万对。白眉企鹅是11~12万对，数量比较稳定，占世界总数的1/2~1/3。马尔维纳斯群岛上企鹅的各种天敌相对较多，除了贼鸥这样的企鹅常见的天敌之外，还有巨隼、家猫等其他天敌。

巨隼

贼鸥

南方海域的"企鹅集中营" ⟩

环绕南极洲的海域中有一系列的岛屿，这些岛屿中包括很多重要的企鹅栖息地。和马尔维纳斯群岛类似，这里也没有特有的企鹅，但是有些岛屿上繁殖的企鹅的数量非常多。这些岛屿中最出众的是位于南大西洋的南乔治亚岛和南桑威奇群岛（南三明治群岛），在这两个岛屿上繁殖的企鹅都比整个南极大陆要多很多。南乔治亚岛上拥有数量最多的长眉企鹅，多达300万对，光是这种企鹅就已经比南极大陆繁殖的企鹅总和还要多了。其他在这里繁殖的企鹅还有王企鹅、白眉企鹅和纹颊企鹅。王企鹅全世界有120万对，而在这里的数量大约18万对；白眉企鹅有5万对，仅次于马尔维纳斯群岛。南桑威奇群岛是纹颊企鹅的大本营。在凤头黄眉企鹅的数量锐减之后，纹颊企鹅就成了世界上第二多的企鹅，全世界大约有750万对，而在这里竟多达500万对。其他比较重要的岛屿还有南印度洋

的凯尔盖浪群岛，拥有数量第二多的长眉企鹅，多达180万对，第三多的白眉企鹅有30~40万对。这里也是王企鹅数量最多的4个地方之一。这里其他企鹅还有凤头黄眉企鹅等。南设的兰群岛是距离南极最近的一个群岛，这里虽然不是南极大陆，也不在南极圈内，但是因为临近南极大陆，甚至常被当作南极洲的一部分处理，而我国的第一个南极考察站长城站就设在群岛中的乔治王岛上。南极的兰群岛最常见的企鹅有是纹颊企鹅，这是纹颊企鹅第二大的栖息地，其中乔治王岛就有48万对。因为这里有一系列的科考站，南极的兰群岛要比其他群岛更为人们所熟悉。

企鹅的天堂：南极大陆 ＞

南极洲腹地几乎是一片不毛之地。那里仅有的生物就是一些简单的植物和一两种昆虫。但是，海洋里充满了生机，那里有海藻、珊瑚、海星和海绵，大海里还有许许多多叫做磷虾的微小生物，磷虾为南极洲众多的鱼类、海鸟、海豹、企鹅以及鲸提供了食物来源。

• 南极大陆

　　非洲南美洲板块、印度板块、澳大利亚板块并相继脱离。大约在 1.35 亿年前非洲南美板块一分为二，形成了非洲板块与南美板块。大约在 5500 万年前澳大利亚板块最后从古冈瓦那大陆上断裂下来飘然北上，于是只剩下了南极洲。东南极与西南极在地质上截然不同。东南极是一个古老的地盾，距今约 30 亿年。而西南极是由若干板块组成，在地质年龄上远比东南极年轻。南极洲大陆海岸线长约 24700 千米。

地形特征

横贯南极的山脉将南极大陆分为两部分。东南极洲，面积较大，为一古老的地盾和准平原，横贯南极山脉绵延于地盾的边缘；西南极洲面积较小，为一褶皱带，由山地、高原和盆地组成。东西两部分之间有一沉陷地带，从罗斯海一直延伸到威德尔海。南极洲大陆平均海拔2350米，是地球上最高的洲。最高点玛丽·伯德地的文森山海拔5140米。大陆几乎全部被冰雪覆盖，冰层平均厚度有1880米，最厚达4000米以上。大陆周围的海洋上有许多高大的冰障和冰山。全洲仅2%的土地无长年冰雪覆盖，被称为南极冰原的"绿洲"，是动植物主要生息之地。"绿洲"上有高峰、悬崖、湖泊和火山。南极大陆共有两座活火山，那就是欺骗岛上的欺骗岛火山和罗斯岛上的埃里伯斯火山。欺骗岛火山在1969年2月曾经喷发过，使设在那里的科学考察站顷刻间化为灰烬，直到现在，人们仍然对此心有余悸。

• 气候特点

南极洲的气候特点是酷寒、风大和干燥。全洲年平均气温为 −25℃，内陆高原平均气温为 −56℃左右，极端最低气温曾达 −89.8℃，为世界最冷的陆地。全洲平均风速 17.8 米 / 秒，沿岸地面风速常达 45 米 / 秒，最大风速可达 75 米 / 秒以上，是世界上风力最强和最多风的地区。绝大部分地区降水量不足 250 毫米，仅大陆边缘地区可达 500 毫米左右。全洲年平均降水量为 55 毫米，大陆内部年降水量仅 30 毫米左右，极点附近几乎无降水，空气非常干燥，有"白色荒漠"之称。

• 季节与昼夜

南极洲每年分寒、暖两季，4~10 月是寒季，11~3 月是暖季。在极点附近寒季为极夜，这时在南极圈附近常出现光彩夺目的极光；暖季则相反，为极昼，太阳总是倾斜照射。

发现经过

18世纪起，探险家们纷纷南下去寻找传说中的南方大陆。1772—1775年英国库克船长历时3年8个月，航行97000千米、环南极航行一周，几次进入极圈，但他最终未发现陆地。

1819年沙俄派别林斯高晋率东方号与和平号两船，历时两年零21天分别在南纬69°53′、西经82°19′和南纬68°43′、西经73°10′发现了两个岛。1823年2月英国人威德尔南下到南纬74°15′，创造了当时南下的最高纬度。1837年9月—1840年11月法国迪尔维尔曾力图超过威德尔创造高纬度纪录未成，但他以夫人的名字命名他于1840年1月19日发现的岛屿为阿德雷地，并命名其沿海水域为迪尔维尔海，后人还以其夫人的名字命名了一种企鹅，即阿德雷企鹅。随后，英国的罗斯于1841年驶入后来以他的名字命名的罗斯湾，但他为冰障所阻无法到达他预测的南磁极——南纬75°30′、东经154°。1908年英国的沙克尔顿挺进到南纬88°23′，离南极点仅差180千米，但由于食品耗尽而折回。1909年莫森、戴维斯和麦凯首次到达当时为南纬72°24′，东经155°18′的南磁极。1911年12月14日和1912年1月17日挪威的阿蒙森和英国的斯科特率领的探险队先后到达南极点。

从1772年库克扬帆南下到19世纪末，先后有很多探险家驾帆船去寻找南方大陆，历史上把这一时期称为帆船时代。20世纪初到第一次世界大战前，尽管时间短暂，但人类先后征服了南磁极和南极点，涌现了不少可歌可泣的探险英雄。历史上称这一时期为英雄时代。第一次世界大战后至20世纪50年代中期，人类在南极探险逐渐用机械设备取代了狗拉雪橇。1928年英国的威尔金驾机飞越南极半岛，1929年美国人伯德驾机飞越南极点，同年另一美国人艾尔斯沃斯驾机从南极半岛顶端飞至罗斯冰架。飞机在南极探险方面为人类宏观正确地认识南极大陆提供了可靠的手段，历史上称这一时期为机械化时代。从1957—1958年的国际地球物理年起至今，众多的科学家涌往南极，他们在那里建立常年考察站，进行多学科的科学考察，人们称这一时期为科学考察时代。

• 南极洲

南极洲包括南极大陆及其周围岛屿，总面积约 1400 万平方千米，其中大陆面积为 1239 万平方千米，岛屿面积约 7.6 万平方千米，海岸线长达 2.47 万千米。南极洲另有约 158.2 万平方千米的冰架。南极洲的面积占地球陆地总面积的十分之一，相当于一个半中华人民共和国大。

南极大陆是指南极洲除周围岛屿以外的陆地，是世界上发现最晚的大陆，它孤独地位于地球的最南端。南极大陆 95% 以上的面积为厚度极高的冰雪所覆盖，素有"白色大陆"之称。在全球 6 块大陆中，南极大陆大于澳大利亚大陆，排名第 5。南极大陆和澳大利亚大陆是世界上仅有的被海洋包围的 2 块大陆，其四周有太平洋、大西洋、印度洋，形成一个围绕地球的巨大水圈，呈完全封闭状态，是一块远离其他大陆、与文明世界完全隔绝的大陆，至今仍然没有常住居民，只有少量的科学考察人员轮流在为数不多的考察站临时居住和工作。

• 主权问题

从 19 世纪 20 年代起，到 20 世纪 40 年代，各国探险家相继发现了南极大陆的不同区域，英国、新西兰、德国、南非、澳大利亚、法国、挪威、智利、阿根廷、巴西等 10 个国家的政府先后对南极洲的部分地区正式提出主权要求，使这块冰封万年的平静大地笼罩上国际纠纷的阴影。

根据 1961 年 6 月通过的《国际南极条约》，冻结了以上 10 国对南极的领土主权要求，规定南极只用于和平目的，可以说，南极现在不属于任何一个国家，它属于全人类。中华人民共和国 1983 年正式加入，并建立长城站和中山站，以及昆仑站。

• 南极精灵

　　南极是地球上唯一至今没有人
居住的大陆，因为这个地方常年温度
在 −60℃ ~−80℃，经常有风力高达 12 级
的暴风雪在这片大陆上肆虐。尽管如此，
有一些顽强的动物们却选择了这片荒凉的
大陆世代生存。极光照亮了冬季的天空。
南极洲正在从冬天里苏醒过来。这是世界
上最寒冷、风最大的地方。气温仍在可怕
的零下 50 摄氏度上下徘徊，刚刚回升的
太阳光线几乎没有一丝丝暖意。很少有动
物能够忍受如此极端恶劣的环境。可是帝
企鹅可以。站在冰封的海面上，它们感受
到了南极地区暴风雪强大的威力。只有相
互挤在一起，它们才能度过冬季寒风刺骨
的几个月。它们轮流去抵挡猛烈的寒风。
帝企鹅只能生活在这里，因为南极大陆四
周被南大洋环绕，没有任何陆地食肉动物
能够到达这里。所以与北极动物不同，它
们不会受到北极熊的威胁。

● 绅士的秘密

南极土著 〉

企鹅是南极的土著居民，人们把它称为南极的象征，当之无愧。

一是因为企鹅的数量多、密度大、分布广，现已发现南极地区有1亿多只企鹅，占世界海鸟总数的1/10，南极大陆的沿岸及亚南极区的岛屿上都有它们的踪迹。凡是登上南极陆地的人们，首先注意到的就是成群结队、满山遍野的企鹅，企鹅给南极洲这个冷落、寂寞的冰雪世界带来了生机。

二是因为企鹅的长相令人喜爱，特别是它那种彬彬有礼、绅士般的风度，给人留下深刻的印象。

三是因为企鹅世世代代在南极同甘苦，共命运，锻炼和造就了一身适应南极恶劣环境的硬功夫——耐低温的特异生理功能。

四是因为企鹅的独特生活习性，如雄企鹅孵蛋和雏企鹅幼儿园等，早已被人们传为佳话和趣谈。

五是因为企鹅是寒冷的象征，一看到企鹅，人们自然想到世界寒极——南极洲。难怪世界冷饮行业的产品常以企鹅作为商标，在盛夏，一看到企鹅，会给人一种清凉、爽快之感。

正是南极洲这个神秘的世界孕育了这样奇特的"居民"。南极企鹅和北极熊一样，已成为人人皆知的代表性动物。

爱情高手 亲情专家 〉

企鹅是忠贞的爱情高手，为了揭示企鹅是"一夫一妻"制，还是"一夫多妻"制，或是"多夫一妻"制，曾有人用了10多年时间对近千只企鹅进行观察，发现82%的企鹅还始终维持原配，其中有一对共

同生活达11年之久。

企鹅还是亲情专家，在孵化幼雏这件事情上，多数雄企鹅可谓是模范父亲和模范丈夫。它们在雌企鹅产卵后，义不容辞地担当起了孵化的任务。雄帝企鹅甚至可以在长达90天的时间里，不吃不喝，完全靠消耗自己体能来孵化幼雏。为了保持温度，抵御风暴，雄企鹅们常常集群一起孵化。而帝企鹅妈妈产卵后，需要不吃不喝长途跋涉3个月走行70多英里回到海里进食。待到90天过去，幼鸟孵化，雌鸟返回原地，以鸣叫声找到雄鸟。虽然，有些企鹅种类，可以雌雄轮换着孵化，但是多数时候，小企鹅的出生，还要靠企鹅爸爸孵化。

企鹅是爱子高手。它们爱子心切，无时无刻不彰显它们作为父母的责任。摄影师丹尼尔·J·考克斯在南极洲拉森陆缘冰棚拍摄时，意外地发现在冰冷的南极苔原出现了一副哀伤的场景，成群的企鹅为不幸死去的幼鸟集体鞠躬默哀。

企鹅群体懂得团结协作 >

在南极，能威胁企鹅的莫过于贼鸥、海豹与蓝鲸了。在大陆上，贼鸥时常惊扰企鹅群体，猎食企鹅蛋和小企鹅。企鹅群为了防止贼鸥偷袭，挑选年轻力壮的企鹅在外围站岗。一旦发现敌情，站岗的企鹅会迅速扇动翅膀，并发出"啊啊"的声音，让群体警觉。一旦发生战斗，在前方几只企鹅一起围攻，在后方群里已有企鹅在有序组织撤离。它们让老弱病残先陆续撤走，并留下一些身强力壮的企鹅负责垫后，直到贼鸥不再侵袭了，才结伴远去。

揭开斑嘴环企鹅繁殖秘密 >

斑嘴环企鹅又叫非洲企鹅，分布于非洲的南端海边，体长70厘米左右。由于其喙的前端有一圈白色圆环，故称之为斑嘴环企鹅。

斑嘴环企鹅的长相很特殊，黑色的嘴上带有灰色的斑纹，头部为黑色，但额头上有一条白色的带纹向下环绕，经眼睛的上方和两颊，在上胸部会合。从上胸部开始，有一条黑纹形成一个大大的圆环，一直延伸到腹部的下方。在白色区域内还散布着许多小小的倒马蹄形的斑点，下面是一双黑色的脚，看上去就像一个大腹便便、并且穿着时髦燕尾服的绅士，显得十分有趣。

令人不解的是，每个斑嘴环企鹅家庭孵化的雏鸟往往是一大一小，体形相差很大。研究人员通过对整个企鹅育雏期的观察，终于破解了斑嘴环企鹅家庭为什么总会选择孵化出2个体形不同的雏鸟的秘密。

首先，如果一个家庭中拥有2只体形不同的小企鹅，那么早孵化出的那只小企鹅的体重就会增长得更快一些，可以提前两周学会独立生活；如果赶上食物富足的年份，等先孵化出的小企鹅独立生活以后，相对弱小的一只就可以独享父母带回的食物了，它也会迅速增加体重并很快开始独立生活。相反，如果2只雏鸟同时孵化出来，那么体形相近的它们都无法在食物争夺战中占据有利地位，它们

都必须努力争取食物，而这种争抢往往会造成食物的浪费，结果是两只雏鸟谁也吃不饱，它们的体重都增长得很慢，身体都不够强壮，谁也无法早一步独立生活。在这样的家庭中，即便有一只小企鹅死去，剩下的一只也依旧弱小，同样无法提前独立生活。

再则，小企鹅开始独立时的体重也是一个很重要的指标，因为这将直接影响小企鹅在独自生活的第一年中的种种表现。斑嘴环企鹅的亚成体（特征是其灰色的头部）只有10%可以幸运地存活过第一年。在全新的、极富挑战性的海洋环境中，对一切都充满未知的小企鹅必须自己寻找并设法捕捉到猎物（鱼），这对它们来说也是一项极为艰巨的考验。当一只企鹅独立下海的时候，它的身体素质越好，意味着它独立面对各种恶劣环境的能力越强，在最初几周中存活下来的概率越大。

　　如此看来，斑嘴环企鹅的繁殖策略十分有效，看似增加了幼雏间的竞争性，有时甚至会导致一只雏鸟的死亡，实则最有效地保证了存活个体的质量和生存能力。即使在鱼类数量严重不足的年份，斑嘴环企鹅也可以依靠这种有效的繁殖策略来应对食物的匮乏，使得一个企鹅家庭至少有机会成功抚育一只健康的宝宝，使这一物种得以延续。

　　在自然界中，斑嘴环企鹅需要面对很多天敌——成年企鹅在海水中常常成为鲨鱼和海豹的猎物，而在繁殖期间，贼鸥等海鸟则会盗食它们的鸟卵和雏鸟。面对各种自然环境的挑战，斑嘴环企鹅在漫长的岁月中进化出了十分有效的繁殖机制以维持种群的整体数量。

为什么只有企鹅能在南极安家 〉

南极是企鹅的乐园，企鹅是南极的象征。南极展示在人类面前的，是它那茫茫的冰雪世界，还有暴戾的风雪严寒。这样恶劣的自然环境使南极的"生物册"上的名单寥寥无几。植物中除菌藻、地衣等低等生命生存外，种子植物还没有被发现。动物界里，尽管白熊、海象等可以耐过北极的寒冷，但是对南极的酷寒就不能抵挡了。企鹅却选中这块天地繁衍生息，这是什么原因呢？首先，企鹅是最古老的一种游禽，它们很可能在南极洲未穿上冰甲之前，就已经来此定居。也可能那时的南极大陆与美洲等大陆相连，大陆的漂移将企鹅留下，它们的主食是甲壳类和软体动物，这里的海洋面宽，可说是水族最繁荣的领域。这块充沛的食源地，就成了企鹅安家落户的好地方。

其次，南极的风雪低温，使可能生存的一些生物遭到淘汰，而企鹅在数千万年的暴风雪磨炼中，经过漫长的进化，使它们整体的羽毛已变成重叠、密集的鳞片状。这种特殊的"羽被"，很难被海水浸透，尽管在零下近百摄氏度的酷寒下，仍是有效的保温防线。同时，它们的皮下脂肪层特别的肥厚，这对维护体温又提供了保证。

第三，很多高等生物不能在南极生存，企鹅在这里没有了天敌。南极洲就成了企鹅"与世无争"的安全基地。

北极有企鹅吗 >

北极有企鹅吗？这是个有意思的问题，要知道企鹅的祖先可是生活在热带的，既然能进化到生活在冰天雪地的南极，自然也有可能生活在北极。事实上呢？

冰雪覆盖的南极是企鹅主要的生存繁衍之地。除了南极洲以外，在南半球的许多海岛上，甚至在位于赤道附近的加拉帕戈斯群岛上也有企鹅的分布。然而，在同样气候酷寒、冰雪茫茫的北极地区却看不到企鹅的影子，这一现象颇令人费解。

目前自然界中的企鹅大约有17种，主要生活在南极洲一带。人们不禁要问，为什么同样气候酷寒、冰天雪地的北极却见不到企鹅那可爱的身影呢？

实际上，很久以前，北极地区曾经生存过一种企鹅，只是现在灭绝了。这种企鹅，人称"北极大企鹅"，身高60厘米，头部棕色，背部的羽毛呈黑色，很像穿着夜礼服的外国绅士。它们生活在斯堪的纳维亚半岛、加拿大和俄罗斯北部的海流地区，以及所有北极和亚北极的岛屿上。最多时，数量曾达几百万只。

大约1000年前，北欧海盗发现了大

北极大企鹅标本

企鹅。从此，大企鹅的厄运来临。特别是16世纪后，北极探险热兴起，大企鹅成了探险家、航海者及土著居民竞相捕杀的对象。长时间的狂捕滥杀，导致北极大企鹅彻底灭绝。

而如今在南极一带生活的企鹅，其祖先管鼻类动物是在赤道以南的区域发展起来的。科学家推测，它们不继续向北挺进到北半球的原因，可能是企鹅忍受不了热带的暖水。它们分布范围的最北限与年平均气温20℃区域的连线非常一致。温暖的赤道水流和较高的气温形成一个天然屏障，阻隔了企鹅跨越赤道北上。它们必须呆在由来自南极的冰雪融化的水或由深海涌来的较冷的水流经过的海域里。现在世界上的17种企鹅，全部分布在南半球，以南极大陆为中心，北至非洲南端、南美洲和大洋洲，主要分布在大陆沿岸和某些岛屿上。

有的企鹅也怕冷 ＞

企鹅也怕冷呢——这种企鹅就是生活在南非的非洲企鹅。所以你现在知道了，企鹅不仅分布在南极，在南非甚至近热带地区都有分布，它们可不像南极的同类那么耐寒。

2010年7月，南非突然遇到寒流袭击，500只刚在夏天出生的非洲小企鹅被冻死。这股寒流为南非部分地区带来降雪，气温也降到摄氏零度以下。由于天气又湿又冷，在东开普顿有数百只企鹅在24小时内被冻死。这些企鹅大多只有几个月大。

大家也许会觉得奇怪，为何以耐寒见称的企鹅竟然会被冻死？其实，非洲的企鹅与南极的品种不同。非洲企鹅又名南非斑点环企鹅，它们久居南非水域，所

以不及南极企鹅般耐寒。

　　非洲企鹅是一种较为珍贵的企鹅品种，1910年时非洲企鹅约有150万只，但由于人类大量掠取企鹅蛋及海洋污染，到20世纪末非洲企鹅的数量已锐减了90%，而且仍在继续减少。在开普敦东海岸的西蒙镇，有一个被称为"漂砾"的小海湾。1982年，2只非洲企鹅来到这里安了家。当地居民自发地开始对这2只企鹅进行保护，以免企鹅的生存环境受到人类的干扰和破坏。随着企鹅数量的增加，当地政府和动物保护组织又将这里辟为自然保护区，并限制附近海域的渔业捕捞，使企鹅有了更多沙丁鱼和凤尾鱼可食。经过30年的繁衍，目前，这里的企鹅数量已超过3000只。

企鹅是恒温动物 ❯

　　企鹅可算得上真正的海鸟，全世界鸟类共有9016种，其中只有300多种属于海鸟，只占全部鸟类的3%。其中有不少仅是以海为生的沿岸性海鸟，如海鸥、鹬等，它们白天在海里觅食，晚上在陆上休息，距岸40海里为其主要活动范围。

　　企鹅属于鸟类，所以是恒温动物，而不是变温动物。企鹅样子虽似兽但却不是兽，不大像鸟但又的确是鸟。鸟类是1.4亿年前（我国科学家认为时间还要早）由爬行类演变出来的，青出于蓝而胜于蓝，它要比爬行类高明得多，如它的体温是恒定的，一般在42℃左右。体温由变温到恒温，这是动物进化史上的一大飞

跃, 使动物的生存能力更强, 无论严寒或酷暑, 它都无所畏惧, 把生活范围扩大到地球上的各个地方, 包括千里冰封的南极大陆。企鹅, 这鸟类中的重要成员, 正是因为具备鸟类的这些优异特点, 才使它敢涉足于世界上最遥远、最寒冷的南极, 落户于其他动物所无法生存的恶劣环境之中, 傲霜斗雪、从容不迫。企鹅的形象几乎成了南极的象征。

企鹅的玻璃心

企鹅有翅膀却不能飞 >

QI E DE BO LI XIN

有所长往往也有所短，企鹅的游泳和潜水能力强了，这是长处，但飞翔能力丧失了，又是它的短处。其实企鹅的祖先是会飞的，可能是太迷恋大海了，或别的什么原因而放弃了飞翔，以海为家。所以企鹅更长时间乐意呆在海里而不愿意上陆。另一方面有所失也往往会有所得，不会飞了是失，身体大小不再受限制了，这又是得。因为按照物理法则，体重超过15千克的鸟，翅膀就支撑不住了，就飞不起来了，所以飞翔的鸟身体不能太重。如果既要用翅膀在水下游泳，又要用它在空中飞翔，体重以北方的海雀的1千克为

宜。企鹅则不受这种限制，如帝企鹅体长可达1.2米，体重45千克；已经灭绝的一种企鹅体长可以达1.7米，重135千克，和一个超级体重的人一样重。当然各种企鹅的体重不尽相同，就是最小的一种体重也达2~3千克。

企鹅都生活在冰天雪地中吗 >

并不是所有的企鹅都生活在冰天雪地之中。凤冠企鹅在新西兰靠近海岸的雨林中筑巢，加岛环企鹅生活在热带火山岩洞里，小鳍脚企鹅以地穴为家，智利的洪氏环企鹅栖息于由古时候鸟类的粪便堆积而成的鸟粪堆上。许多企鹅一生中有75%的时间生活在海洋中。只有帝企鹅和阿德利企鹅是仅有的2种完全生活在南极的企鹅。

企鹅为什么那么胖 >

一方面也许是因为要多多积累脂肪，不然它们是受不了南极的严寒的；另一方面是为了保暖，厚厚的羽毛不仅可以保持体温，而且在孵蛋的时候也可以为小宝宝提供足够的温度。

另外有一点，孵化期时的雌企鹅往往会吃得很肥壮，那是因为企鹅孵蛋时，雌企鹅和雄企鹅的分工非常清楚，雄企鹅在家孵蛋，雌企鹅则必须长途跋涉150千米到外海去觅食，一捕就是两个月，当妈妈回来时，整个身体圆圆胖胖，为的就是让小雏鸟吃个够。

为适应长期的海中生活，企鹅的皮肤下有厚厚的脂肪保护层。同时，皮下脂肪也能抵御严寒。企鹅孵蛋时，雄企鹅把蛋小心谨慎地放在自己有脚蹼的脚背上，避免企鹅蛋直接与冰面接触，并用厚厚的肚皮盖住。两个月的孵化期，雄企鹅停止进食，完全靠脂肪维持生命，即使其体重减少二分之一也在所不惜。为了抵御严寒和繁衍后代，所以企鹅就那么胖啦！

企鹅有尾巴吗 >

平时看到憨态可掬的企鹅都是直立的，很多人于是问了：企鹅有尾巴吗？

企鹅首先是一种鸟类，鸟儿都有尾巴，所以我们猜想企鹅应该也有尾巴，不妨看看关于企鹅的介绍：

企鹅不会飞，善游泳。在陆上行走时，行动笨拙，脚掌着地，身体直立，依靠尾巴和翅膀维持平衡。遇到紧急情况时，能够迅速卧倒，舒展两翅，在冰雪上匍匐前进；有时还可在冰雪的悬崖、斜坡上，以尾和翅掌握方向，迅速滑行。企鹅游泳的速度十分惊人，成体企鹅的游泳时速为20~30千米。

看到了吧，企鹅有尾巴的，而且企鹅的尾巴非常重要，可用于身体平衡和掌握方向。

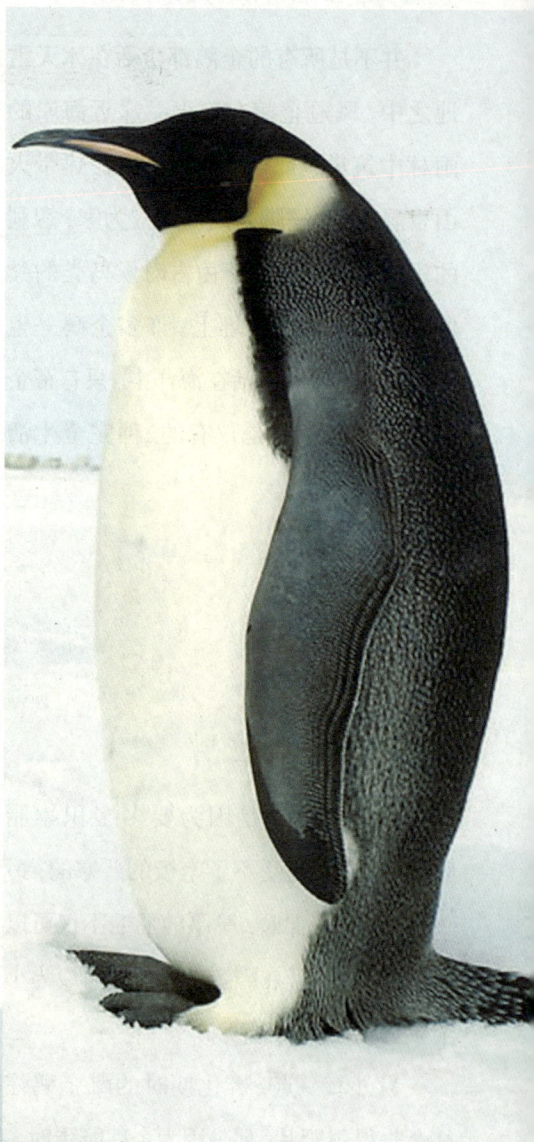

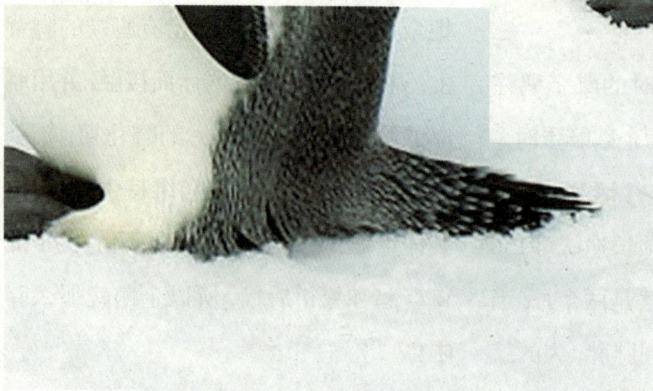

企鹅尾巴特写

企鹅的故事

检阅皇家卫队的企鹅 〉

一只名为尼尔斯的企鹅在爱丁堡动物园"检阅"了挪威皇家卫队。这只企鹅是尼尔斯企鹅家族的成员，一直承袭着挪威军队授予的军衔，如今又被授予"爵士"封号。

这只"企鹅爵士"全称为尼尔斯·奥拉夫，它成为挪威历史上第一个"带翅膀"的爵士。这位黑白相间的爵士大摇大摆地检阅了皇家卫队，显得神气十足。上世纪70年代企鹅成为挪威皇家卫队的吉祥物，一位名为尼尔斯·爱格林的上校曾访问苏格兰动物园，当时挪威的国王是奥拉夫五世。于是挪威皇家卫队的吉祥物就被命名为"尼尔斯·奥拉夫"。"我们一直和挪威皇家海军保持着良好的合作关系，并引以为荣。"苏格兰皇家动物学会负责人大卫·韦德米尔介绍说。苏格兰皇家动物学会是爱丁堡动物园的所有者，尼尔斯"爵士"就住在那里。挪威皇家卫队每隔几年就会拜访尼尔斯，尼

尔斯也象征性地在挪威军队服役，第一只尼尔斯企鹅20年前就去世了，但它的荣誉由企鹅后代继承。尼尔斯家族以上等兵军衔服役30余年后，如今终于晋升为上校军衔。尼尔斯被授予爵士封号，一名皇家卫队士兵抽出佩剑，在尼尔斯头部两侧蹭了两下，完成授勋仪式。爱丁堡动物园的工作人员戴琳·麦克格里笑着说："尼尔斯喜欢引人注目，它甚至还检阅了军队。"麦克格里还说，"我们都喜爱它，它是最棒的企鹅。"

企鹅与泥浆搏斗变"企鹅巧克力" >

聚集在南乔治亚岛索尔斯堡平原的一大群王企鹅本想到海里去觅食，但被一个巨大的泥浆湖阻拦了去路。成千上万只明智的企鹅选择了多走点路绕过湖泊，但偏偏有些不怕死的企鹅选择了与泥浆"搏斗"。

它们本打算在泥浆湖里好好地游泳一番，不料却从嘴到脚都被泥浆糊住了。上岸后，它们活脱脱地就是一个个"企鹅巧克力"。最后这些狼狈的"巧克力"企鹅们都迫不及待地跳进冰冷的海水里清洗自己。

被遗弃的企鹅宝贝 ❯

一只名叫库尼亚的洪堡企鹅，刚刚两个月大。小家伙可是俄罗斯莫斯科动物园里的明星，不仅因为它的身世可怜，更因为它是莫斯科动物园第一只由人工孵化的企鹅。

和天下所有的宝宝一样，小企鹅的成长也需要企鹅爸爸和企鹅妈妈的共同关爱和照顾。但是小库尼亚还没出生就被狠心的父母抛弃了，只因为它是企鹅家族里的私生子。

企鹅饲养员：这是我们第一次碰到这种事，企鹅夫妇通常都是一夫一妻制，一般不会搞婚外恋，但是在这起事件中，雄企鹅有了一段风流韵事。

饲养员口中说的雄企鹅就是小库尼亚的爸爸昆亚。已经有妻室的昆亚和库尼亚的妈妈甘亚坠入爱河。不久，甘亚生下了小库尼亚。但是昆亚拒绝承担照顾甘亚母子的责任。不想做单身母亲的甘亚在伤心失望之余，狠心抛下了她和昆亚的爱情结晶。

饲养员在甘亚住处外面的石头上意外发现了尚未孵化的企鹅蛋。在确定这是一枚被遗弃的企鹅蛋后，专家们几经研究，决定尝试用人工孵卵器来孵化。

39天后，小库尼亚破壳而出。

虽然被父母遗弃，但是小库尼亚得到了动物园里专家们的精心照顾，每天都能吃到富含维生素和矿物质的美味食物。据饲养员说，小库尼亚的胃口很好，一天三餐顿顿不落，而且最爱吃小鱼。

小库尼亚健康活泼，等它足够大的时候，专家将把它放回企鹅家族与其他同伴一起生活。

最孤独的企鹅 〉

一只企鹅孤零零地出现在新西兰一处海滩上，企鹅的老家不是南极吗？可能是因为迷路来到新西兰了吧。科学家们密切关注这只小企鹅的一举一动。希望这只勇敢的小企鹅可以顺利地找到回家的路。

新西兰一名妇女在海滩遛狗时，发现了一只2英尺（约合0.7米）高的企鹅从海水中摇摇摆摆地走出来，出现在她的面前，见证了这家伙的惊人旅程。她表示，这只企鹅简直是"天外来客"，"当这只闪亮的白花花的家伙站在沙滩上时我以为我出现幻觉了"。

这只迷路的企鹅简直是2006年儿童电影《欢乐的大脚》的现实版。在电影中，一只年轻的企鹅在探险历程中发现自

企鹅的玻璃心

还没有意识到沙子在体内不会融化。通常情况下，企鹅在南极靠吃雪来获得水分，这是它们能够找到的唯一的淡水。"密斯凯利补充道。

当地人们在观赏企鹅时被要求与之保持10米以上的安全距离，以免企鹅受到惊吓而造成伤害。

已已远离家乡。环境保护者认为，这只年仅10个月大的小企鹅一定经历了一段不可思议的漫长旅程。这个小家伙想必是在找食物的过程中迷路了才来到新西兰的。专家称，这只小企鹅在旅途中可能长时间站在浮冰上一路向北，最后才进入水中游到岸上的。新西兰博物馆的馆长科林·密斯凯利表示，帝企鹅可以在海里生活好几个月，只在换毛或需要休息时才上岸。

"不过这个勇敢的家伙必须回到南极才能存活，对企鹅来说这里偏热而且干燥，它在这里一直在吃湿沙子，也许

33岁最长寿企鹅收冰制生日蛋糕 ❯

　　最长寿的巴布亚企鹅在2012年5月4日度过了她的33岁生日，在满地可生态园内，它收到饲养员送给它的冰制磷虾生日蛋糕。

　　Green庆祝生日时，表现得不错，同伴Blue站在它的身边，亦感到自豪，它们间中会彼此抚摸，又互相问候。它们得名是来自其翅膀上标签的颜色，此乃饲养员为知道它们的行踪之一种方法。

　　巴布亚企鹅可见于南极海及附近地区，它们一般可有野外生活15至20年，但已知它们亦可活到30年，至于33岁的Green可说是相当高龄。而Green现在已打破美国动物园暨水族馆协会之前所有长寿企鹅纪录。

　　负责饲养Green饲养员Eric说，33岁是富有纪念意义的，以她的年龄来说，她的身体仍然健康。

同性恋人洪堡企鹅 ❯

德国不来梅动物园的饲养人员一度很困惑,他们饲养的洪堡企鹅总是不生宝宝。有两对企鹅花了几个月时间"孵蛋",其实不过是在孵石头。通过DNA检测,饲养人员发现园里的5对企鹅夫妇中,有3对都是雄性"夫妇"。为此引进了4只雌性洪堡企鹅,最终也没能将这些铁杆同性"夫妇"拆开。据说洪堡企鹅与同性伙伴会保持6年以上的关系。

好 "色" 企鹅恋上假企鹅 〉

天津热带植物园引进了5只企鹅后，这些来自南极的可爱动物对于崭新的生活环境充满了好奇，闹出了不少让人忍俊不禁的趣闻。

为了装饰企鹅们的新家，在为它们准备房间的时候，热带植物园的工作人员还特意在里面放了几只不会动的假企鹅，没想到这些装饰企鹅，却引起了真企鹅的极大兴趣。

"这几只企鹅在哈尔滨的家里并没有这些假企鹅装饰，所以一到天津，看到这些和真企鹅一样大而且非常逼真的雕塑，感觉非常新鲜，以为雕塑是自己的同伴了。从第一天开始，它们就围着这些雕塑看，左转转、右转转，看雕像不动，它们就用嘴啄啄，用翅膀呼扇呼扇，然后继续静静看，一看就是好久。"饲养员生动地讲着。

一连几天，真企鹅已经对雕塑有些习惯了，它们看着雕塑伙伴怎样也不动，就不再理睬了，开始了自己在天津的新生活。

生活在南极的企鹅，它们的世界中只有茫茫的白色和同伴身上的黑色条纹，但是，在人类的世界里，颜色五彩斑斓，这也让企鹅伙伴们异常兴奋。这些企鹅对于身着鲜艳色彩服装的游客特别喜爱，有时会潜到水中，跟着游客的方向游动。看来，忠实地履行一夫一妻制的企鹅也会好 "色"。

大熊猫"甜甜"和"阳光"

英企鹅嫉妒中国熊猫 向游客投掷粪便抗议 >

在英国爱丁堡动物园开始新生活的中国大熊猫"甜甜"和"阳光"极受当地民众喜爱，前往动物园观看熊猫的人数也不断攀升。但它们的受宠招来了邻居企鹅的嫉妒。这些善妒的跳岩企鹅竟然朝排队观看大熊猫的人群投"粪弹"。

据爱丁堡动物园负责人介绍，这些跳岩企鹅之所以有如此举动，可能是患了"黑白嫉妒"症。企鹅的家就在"甜甜"和"阳光"新家的旁边，自熊猫来此定居以来，企鹅每天都会饶有兴趣地盯着熊猫馆。"这些企鹅的好奇心真的很重，它们经常聚集到墙边，密切注视着熊猫馆的一切。"看着同样是"黑白配"的邻居门前总是人来人往，企鹅们大概觉得自己受到了冷落，嫉妒之情也由此而生。

目前这些企鹅们只发动过一次"粪弹"袭击，而且大多数游人对此也都只是一笑置之。不过，据爱丁堡动物园业务运营部门主任威尔逊说，为了防止类似事件再度发生，动物园已考虑在企鹅的家周围安装玻璃板。

98

鲸鱼增，企鹅减 〉

美国科学家指出，西南极半岛和斯科舍海的企鹅数量在过去30年时间里锐减50%。企鹅数量锐减可能与它们的主要食物磷虾数量减少有关，磷虾数量减少则部分由气候变暖和鲸鱼数量回升所致。

自上世纪70年代以来，美国加利福尼亚州拉贺亚国家海洋渔业局的生物学家韦恩·特里韦尔皮斯便对帽带企鹅和阿德雷企鹅进行监视观察，最终发现了导致企鹅数量减少的一个重要因素。根据

他的观察，能够熬过独立生活后第一个冬天的小企鹅数量越来越少，因为它们很难找到磷虾果腹。

磷虾是一种与普通虾类似的小型动物，数量巨大，在南极食物链中占有重要地位。与陆地上的食草动物类似，磷虾以单细胞浮游植物为食，本身则是包括企鹅在内的很多海洋捕食者的食物。特里韦尔皮斯表示，当地磷虾数量锐减可能与两个因素有关。一个是区域性气候变暖，温度比上世纪40年代和50年代升高

了10华氏度左右(约合5或6摄氏度)，导致海面冰量减少。特里韦尔皮斯说："如果冰无法形成，生长在海冰底部的浮游植物便成为过去，导致夏季孵化的小磷虾在冬季时失去食物来源。没有食物，小磷虾无法存活下来。"

第二个因素是包括座头鲸在内的须鲸类数量回升，这种回升是保护工作取得成效的体现。特里韦尔皮斯说："捕食磷虾的鲸鱼数量开始回升。"19世纪至20世纪的捕鲸活动导致这些巨型海洋哺乳动物数量锐减，企鹅家族则相应地进入鼎盛时期。"我们无法获得上世纪30年代以前的可靠数据。根据我们的判断，上世纪30年代至70年代是企鹅的一个黄金时期，主要原因就在于竞争对

手鲸鱼数量减少。这段时期的数量数据带有很强的轶事性，主要由英国南极工作人员粗略计算得出。即使数据并不准确，上世纪30年代的10万只企鹅和70年代的50万或者60万只也是一个巨大差距。"

海洋鸟类学者史蒂夫·艾姆斯利通过研究企鹅的历史发现了重要证据，证明企鹅家族曾进入一个鼎盛时期。对蛋壳进行的化学分析显示，阿德雷企鹅在

鲸鱼数量减少前一直以鱼类为食。特里韦尔皮斯说："从过去100年左右开始，磷虾才成为它们的猎物，当时鲸鱼退出这一系统，磷虾数量过剩。"

随着磷虾数量减少，我们不禁要问，企鹅是否会回归此前主要捕食鱼类的生活方式？特里韦尔皮斯说："根据我们30多年的观察发现，虽然磷虾数量减少80%，但鱼类在企鹅食物中的比重并未提高。由于拖网渔船同样大量捕捞磷虾，我们并不知道还会有多少磷虾留给企鹅。"

破碎的冰山

坏掉的企鹅蛋

气候变暖已导致南极帝王企鹅数量减半 >

描绘帝企鹅生活的动画片《快乐的大脚》上映后，深受观众喜爱。可在现实生活中，南极帝企鹅的生活并非如此"快乐"。世界自然基金会发布的一份报告指出，受全球变暖影响，帝企鹅数量在过去50多年间骤减了一半。

101

• 减少排放拯救帝企鹅

世界自然基金会新近发布的报告不仅指明帝企鹅数量骤减的事实，还提出不少中肯建议。

英国世界自然基金会哺乳动物项目负责人西姆·沃姆斯雷教授分析说："自上世纪70年代大批帝企鹅死亡后，帝企鹅的数量连年下降。全球冬天不断变暖，冰块变薄后不断断裂，再加上大风咆哮，企鹅蛋无法安全存活。"

西姆教授还补充说："为不使更多帝企鹅死亡，我们应努力降低二氧化碳排放量。"

有报道说，苏格兰政府在2050年前将努力把二氧化碳排放量降低80%，英国政府则将目标定为60%。

• 其他企鹅也面临威胁

英国世界自然基金会官员埃米莉·刘易——布朗表示，除帝企鹅外，其他种类企鹅如巴布亚企鹅、颊带企鹅和阿德利企鹅的生存前景也不容乐观。

巴布亚企鹅目前在世界各地都有大量死亡的迹象，它们同样以吃磷虾为生，近年来人类的过度捕鱼使磷虾数量大幅下降，大批巴布亚企鹅因此死亡。

阿德利企鹅则以海域附近的冰块为主食，南极半岛西北部海岸因受全球变暖影响，气温缓慢上升，融化了各类冰川，因此威胁到阿德利企鹅的生存。

● 人与企鹅

比利时老汉变身"企鹅控" 〉

走在比利时首都布鲁塞尔的街道上，或许能碰见一个穿着"企鹅装"蹒跚而行的老头，仿佛要去参加一个化装舞会。然而，他并不是去参加舞会，他只是太热爱企鹅，希望自己能像企鹅那样生活。

这位老人名为阿尔弗雷德·大卫，绰号"企鹅先生"。他40年间都对企鹅热爱得无以复加，甚至自己也想变成企鹅。大卫还宣称，他死后要穿着他的"企鹅装"安葬在南极洲——他说他"一辈子的梦想就是葬在企鹅生活的海洋中"。

大卫是1968年爱上企鹅的。他说那年他被汽车撞到了臀部，导致走路摇摇摆摆，因此同事们戏称他为"企鹅先生"。没想到大卫竟真的爱上了企鹅，他收集了许多与企鹅相关的物品，甚至开了一个"企鹅博物馆"，展出了他3500件企鹅藏品。大卫甚至也想把自己的名字正式改为"企鹅"，遭到了妻子的强烈反对后才作罢。

阿尔弗雷德希望自己死后也能像企鹅一样葬在南极。

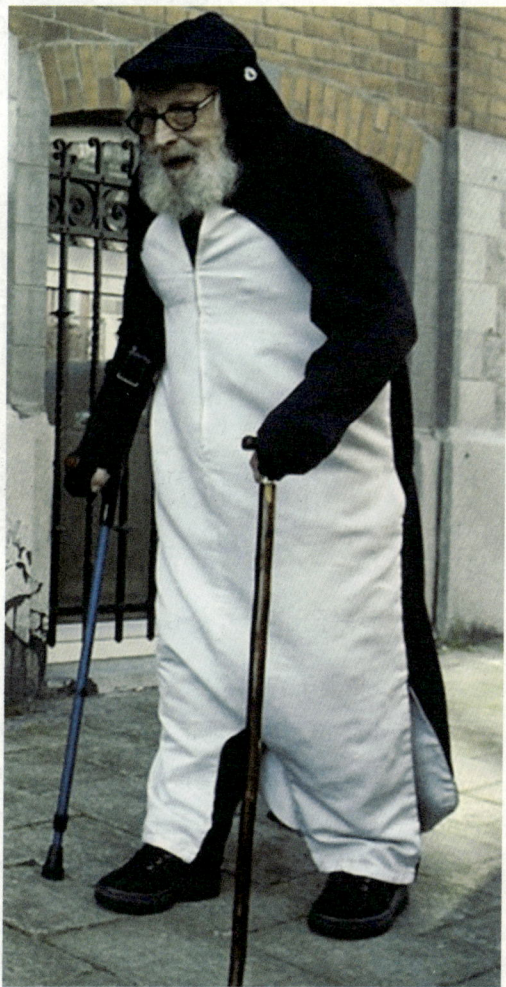

103

25岁女孩记录企鹅成长 两年三万字与企鹅共舞 〉

在大连老虎滩海洋公园极地馆内，有一个25岁女孩郭惠，她被同事们称为"企鹅女孩"。之所以被称为"企鹅女孩"，是因为她从事企鹅技术员工作近两年，每天都在写日记，记录企鹅的成长，记录自己的心情，累计600余篇近3万字。她用手中的相机拍摄照片万余张，用镜头记录下了那段"与企鹅共舞的日子"。

- 最兴奋的一天：46个感叹号庆祝帝企鹅产蛋

毕业于青岛农业大学的郭惠是2010年4月16日来极地馆实习的，实习这天也是她第一次近距离接触企鹅，正是从那一刻，她爱上了这些看上去有些笨笨的家伙。"实习的这段日子，大家都在讲帝企鹅孵化的事情，因为那时候帝企鹅还从未产蛋，大家梦想着能有那么一只帝企鹅在大连出生并成长。"当年6月1日，由于要完成毕业论文，郭惠回到了青岛。而6月3日这天，极地馆的同事给郭惠发来短信："我们梦想成真，帝企鹅产蛋了。""我从来没有这样兴奋过，见到同学老师，我的第一句话就是'帝企鹅产蛋了'，他们有些莫名其妙，还以为我疯掉了。我按捺不住兴奋，于是急切的心情变成了感叹号，被写进了日记里。"

• 最感动的日记：记录单亲企鹅妈妈的60天

"我本该希望每一枚企鹅蛋都能孵化出宝宝，但是今天我真想对这个'单亲'的企鹅妈妈说：'你放弃吧！太辛苦了，我们都不会怪你的。'"这是当天日记中的一段话。在野外，企鹅60多天的孵化历程异常艰辛。企鹅妈妈产蛋后，身体损耗特别大，很难继续孵化任务，需要转交给企鹅爸爸。但是在郭惠照顾的这些企鹅中，一只企鹅妈妈产蛋后，企鹅爸爸竟然不负责任地抛弃了它们，完全自顾自地去游泳吃食。"当时，我们都认为企鹅妈妈弃蛋的可能性很大，这只企鹅妈妈本身就是企鹅中最瘦弱的一只。"郭惠说。

可是让郭惠没有想到的是，这个"单亲妈妈"并没有弃蛋，而是选择自己来孵化。它开始一动不动守候着企鹅蛋，由于身体的极度虚弱和紧张，它几乎一天一个样，每天都在消瘦下去。"我每次看到它，它都有些神情紧张，更有些无助。起初，我们都在心里为这个单亲妈妈鼓劲，但是到孵化的第二个月，它已经完全不进食了，就孤独地站在那里孵化企鹅蛋，小心翼翼。说实话，那些日子我们特别心疼，也特别难受，真希望它能够放弃孵化。可是，每天早晨当我进入孵化基地，它都和昨天一样，就站在那里，只是身体消瘦明显，像是比以前小了一大圈。"回忆这些，郭惠的眼睛还有些湿润。

幸运的是，母子平安，两个月后小企鹅终于破壳而出，开始健康地成长。郭惠说，那两个月对她的影响是巨大的，她开始重新思考很多东西，正如她日记中写下的这样："今天小企鹅破壳了，不知道为什么，我总是想哭。笨笨的企鹅，两个月里教会了我太多，它让我懂得了什么叫责任，懂得了什么叫感恩。"

105

企鹅的玻璃心

• *最好的朋友：傻乎乎的它们是最好的倾听者*

郭惠是一个内向的女孩，虽说已经 25 岁了，但是她也会做一些傻事。比如说，她经常在遇到一些伤心事之后，去笼舍里和那些傻傻的企鹅说话。2011 年的日记里有这样一段话："昨天和妈妈闹起了别扭，今天一早起来心里还堵得慌。上班后，做完正常的工作，我就来到了笼舍，把所有的心里话都说给了这些笨笨的企鹅听。说的时候我都没注意看它们，突然一抬头，就看到一个小家伙蹲在我的脚前，歪着脖子看我，似乎听得正认真。看它那傻样子，我突然忍不住笑了。感谢我的工作，感谢这些傻傻的小家伙，它们让我的生活变得五彩斑斓。"

性格内向的"企鹅女孩"从爱上这些企鹅开始就知道，不会说话的它们一定会成为她这辈子最好的朋友。郭惠告诉记者，两年的时间里，她跟这些企鹅们说了好多好多的秘密。"有时候，我跟朋友开玩笑，这个世界上知道我秘密最多的人不是爸爸妈妈，也不是好朋友，而是那些每天和我朝夕相处的企鹅们。"

• 尼克和曼蒂安与企鹅共谱传奇

　　雷德村坐落在西蒙斯顿小镇以西的伯尔德斯海湾边。1982 年 7 月，患有尿毒症的 10 岁男孩尼克坐在海边时听到了奇怪的叫声。原来在海边的礁石缝隙里，有两只小家伙正昂着头发出鸣叫。尼克一眼便认出它们是企鹅，而且其中一只好像受伤了。

　　于是，孤儿尼克带着自己最后一点钱来到开普敦的阿格兹报社，希望能登一则"认养企鹅"的启事。记者乌西根本没把他的话当真，可是尼克坚定地说自己负责养着两只企鹅。后来，乌西去了他住的村子，终于相信了事实。

　　很快，《阿格兹报》刊出了男孩为企鹅寻找认养者的广告。破产的水产经销商曼蒂安抱着怀疑态度来到雷德村，见到了病重的尼克和那两只小企鹅。曼蒂安那颗坚硬的商人的心被男孩深深震撼了，他带着尼克和小企鹅来到开普敦。他们找到兽医，兽医说其中一只是雌企鹅，而它的同伴是雄性的。

　　曼蒂安查阅大量资料后才得知，原来企鹅并不只生活在南极，这两只企鹅很可能是地道的"原住民"！它们名叫非洲企鹅。曼蒂安放心了，随后他发现村西边有一片小海湾很适合企鹅生长，于是说服村民让企鹅在这个海湾里栖息。

　　乌西跟踪报道两只企鹅的故事，在开

普敦引起了轰动。没多久，好消息传来，有人愿意出钱帮助尼克做肾脏移植，同时曼蒂安重新做起生意，他也走出了低谷。

这两只企鹅也没有辜负人们的期望。雌企鹅安娜产卵了！一个多月后，两只可爱的小企鹅从蛋里钻了出来，企鹅之家迎来了新生命！

这片美丽静谧的海湾是很棒的企鹅栖息地，那里没有天敌，加上食物丰富、气候适宜，因此到了1990年，企鹅之家已经变成了一个大家族。开普敦近海有个企鹅群的消息传遍了南非，政府决定将这里划为企鹅保护区，就这样，保护措施让这里的企鹅数量猛增。庞大的企鹅群让开普敦西海岸变成了风景名胜地。

由于多年来与人为邻，企鹅们一点儿都不害怕人类，总是跑进村里、镇上和街道上游逛。2004年，有一只企鹅在西蒙斯敦的中心花园建了个窝，并孵下两枚蛋！市长骄傲地说，这说明本市是真正的人与动物和谐的城市。

不过，非洲企鹅有着"叫驴企鹅"的绰号，它们个个都是大嗓门，叫声和驴子很相像。而且这些家伙常常不分场合和时间地乱叫一通，尤其是黎明时分，总是惊醒熟睡中的人们。

于是，2008年政府通过了一项决议：创建栅栏，让企鹅们生活在靠海的那边。但是企鹅总是试图回到第一次产卵的地方找自己的配偶，根本就不明白配偶早就和自己一道被赶到了同一边。它们还很快学

会了如何从栅栏下面钻过去，甚至干脆徒步千米绕过障碍。最终，喜爱企鹅的人们提出强烈抗议，"栅栏隔离法"废除了。

如今，这个海湾已辟为国家公园，游客们可以在天桥上欣赏这些小家伙。对尼克和曼蒂安两人来说，企鹅对他们更意味着人生的希望。他们相信，那聒噪的企鹅会伴随着海浪永远传唱，谁又敢说这不是一曲由人与企鹅共同谱写的传奇乐章呢！

企鹅的玻璃心

• 人类为什么离不开企鹅

地球上的生物不可能单独生存，在一定环境条件下，它们是相互联系、共同生活的。生物学家指出，在自然状态下，物种灭绝的种数与新物种出现的种数基本上是平衡的。随着人口的增加和经济的发展，这种平衡已经受到破坏。从 1600 年到 1996 年，世界上消失了 164 种鸟；从 1871 年到 1970 年，兽类灭绝了 43 种。地球上自有生命以来，共出现过 25 亿种动植物，其中有将近 1 / 2 是在最近 3 个世纪内消失的。物种平衡的破坏，使人类生存环境恶化，人类本身将遭到巨大灾难。

企鹅是南极特有的，他的存在可以给世界增添一份活力，保护企鹅也可以引申为保护南极，让人类时刻记得南极的冰川在融化，正在威胁人类的生息地。

现在，地球上平均不到两年就有一种野生动物灭绝，不少动物也处于灭种的边缘。为保持地球生物的多样性，保护野生动物资源，各个国家对野生动物的保护都非常重视。我国在 1959 年做出了保护大熊猫、金丝猴的规定，1962 年又明确规定要保护 83 种珍惜野生动物，1988 年颁布了野生动物保护法。企鹅是在南半球的动物，我国没有，因此不算国家级保护动物。但它应该算世界级保护动物，根据企鹅种类的不同，保护级别也不同。例如科隆群岛企鹅属濒危动物，被列为世界一类保护动物。

• 南极活动：“行政手段可以控制”

南极环境保护委员会主任尼尔·吉尔伯特说，各签署国在条约许可范围内，有权自行决定是否捕捉南极动物，但应该严格控制数量，并进行相应的环境影响评价。不过他同时说，《马德里议定书》对捕捉的数量没有具体的限制。

一位熟悉国际法的专家说，《南极条约》及其附属条约对各缔约国的国民并没有强制约束力。各国政府需要通过制订国内法来执行条约的具体条款及其他补充协定。目前，大多数协商国都制定了相应的国内法，比如澳大利亚的《南极条约法案》、美国的《南极保护法案》等。

"企鹅"作品

纪录片《深蓝》——企鹅的沉潜 〉

《深蓝》：BBC自然历史单元纪录片，影片深入海洋5000米以下进行拍摄，介绍了全球200多个不同海域的海洋生物。

南极的企鹅是种憨态可掬的小动物，可以在水中游嬉，也能在陆上行走。然而，南极大地的水陆交接处，全是滑溜溜的冰层或者尖锐的冰棱，它们身躯笨重，没有可以用来攀爬的前臂，也没有可以飞翔的翅膀，如何从水中上岸？纪录片《深蓝》，详尽地展示了企鹅登陆的过程。

在将要上岸之时，企鹅猛地低头，从海面扎入海中，拼力沉潜。潜得越深，海水所产生的压力和浮力也越大，企鹅一直潜到适当的深度，再摆动双足，迅猛向上，犹如离弦之箭蹿出水面，腾空而起，落于陆地之上，画出一道完美的U形线。

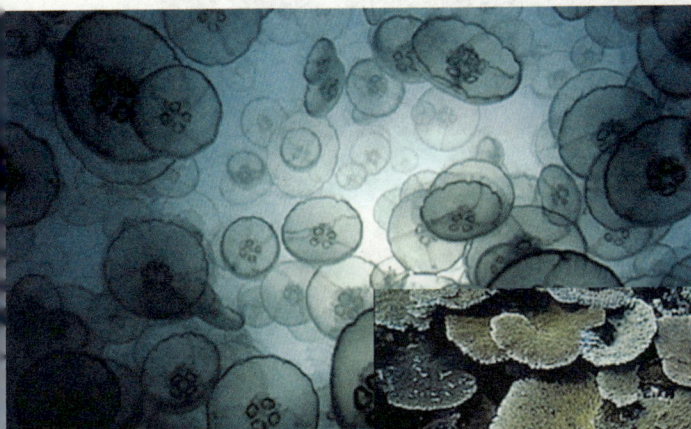

这种沉潜是为了蓄势，积聚破水而出的力量，看似笨拙，却富有成效。

人生又何尝不是如此？当我们面前困难重重，出头之日遥不可及时，何不学学企鹅的沉潜？这种沉潜绝非沉沦，而是自强。如果我们在困境中也能沉下气来，不被"冰棱"吓倒，在喧嚣中也能沉下心来，不被浮华迷惑，专心致志积聚力量，并抓住恰当的机会反弹向上，毫无疑问，我们就能成功登陆！反之，总是随波浮沉，或者怨天尤人，注定就会被命运的风浪玩弄于股掌之间，直至筋疲力竭。

甘于沉下去，才可浮出来，企鹅的沉潜原则，也适用于人的生存。

BONNE PIOCHE PRÉSENTE

LA NATURE A INVENTÉ LA PLUS BELLE DES HISTOIRES

LA MARCHE DE L'EMPEREUR

UN FILM DE LUC JACQUET

揭秘《帝企鹅日记》的拍摄 ＞

　　《帝企鹅日记》是一套2005年的法国生态纪录片，由洛积·昆彻执导及编剧，内容描绘处于南极洲的帝企鹅每年为了生存和繁衍而进行的艰苦旅程。这是一部真实反映企鹅生活的电影。南极大陆的北部气候温和，食物充足；而南部则终年覆雪、气候寒冷，食物短缺。南部也有其好处，那就是这里生态稳定，没有天敌的追击。为了让企鹅宝宝健康成长，企鹅爸爸妈妈每年都会从北部来到南部孵化小企鹅蛋。企鹅爸爸和企鹅妈妈轮流进行孵蛋工作，另一方则不辞辛苦去找寻食物。途中的艰辛任何人都难以承受，而柔弱的企鹅们则每年都这样往复进行着这项艰辛的任务。当雌雄企鹅恋爱过后，企鹅妈妈孕育并诞下小企鹅蛋。为了让小企鹅有足够的食粮，企鹅妈妈将企鹅蛋交给企鹅爸爸保护，自己则远赴他方觅食。另一边厢，企鹅爸爸为了保护小企鹅蛋，与它形影不离，两个月内不能出外觅食。它们会轮流工作，直到小企鹅长大，一群帝企鹅又再次长征，待下一年继续另一个新的旅程。

　　《帝企鹅日记》中，7000多只帝企鹅

围成方阵，抵御漫天而来的暴风雪。在这些令人窒息的镜头背后，是什么样的摄影机，什么样的摄影师，什么样的环境？其实，这些问题本身就包含了许多极精彩的故事。

BBC有一部纪录片《动物摄影机》，曾经介绍科学家们对于动物的观察和记录是如何上天入地——在雕身上安装唇膏大小的微型摄影机，可以从雕的视角拍摄它翱翔天际的镜头。内窥视镜头能够深入蜂巢，将蜜蜂们的一举一动看得一清二楚。热能摄像机通过侦测动物身体发出的热力，能在漆黑的环境中追踪拍摄大象、狮子等温血动物的行踪。安在高科技遥控模型内的摄像机能够深入狮群，拍摄凶猛动物的生死相搏或温情脉脉的亲子镜头。慢动作摄像机能够将动物的动作速度放慢1000倍，把1秒的动作拍成15分钟，记录下那些肉眼不可能观测的细节。潜水机器人可以潜入数千米的深海，拍摄海底奇观……

对于纪录片摄影师来说，尝试这些新技术是充满乐趣的。《帝企鹅日记》中，为了拍摄新出生的小企鹅，摄影师杰罗姆·梅森设计了一种单脚滑行车，把摄影机绑在上面，能够在冰上绕着小企鹅滑行拍摄；为了拍摄企鹅在海底觅食，他们将摄影机绑在一根大柱子上探入冰下，然后随企鹅们一起潜到海底拍摄。

"我们每天早上5点半起床，花一

个多小时准备摄影器材，穿得像企鹅一样出门，背上是重达130多磅的家伙。一到帝企鹅营地，两个小家伙，我们管它们叫波比和莱克斯，就会过来跟我们打招呼。它们啄我们的衣服，在摄影机前面绕来绕去，发出很好听的声音，像唱歌一样。尽管周围还有其他人，但它们只是与我们亲近。有一天中午我们打了一个小盹，醒来发现它俩竟然也睡在我们身边。后来我们发现，原来它俩是因为没有'爱人'，竟在我们身上用错了情！"《帝企鹅日记》的摄影师说。

企鹅的玻璃心

• 你们怎么能靠得这么近?

　　杰罗姆·梅森：帝企鹅并不害怕人类，因为这里人迹罕至，它们从来没有被人类捕捉过。开始的时候，我们只能隔一段比较远的距离，让它们做自己的事情，然后我们往前移两英尺，再两英尺，最后只距离它们三到四英尺的距离，让它们逐渐习惯和接纳我们的存在。一两个星期之后，我们就能够与他们共同生活了，它们几乎"无视"我们的存在。其中有两只企鹅与我们比较亲近，它们总是赖在镜头前面，搞得我们不能拍其他企鹅。另外，我们必须从企鹅的高度来拍，它们害怕从上面出现的东西，所以这一年来差不多都是蹲着拍的。

• 海底海狮一口吃掉企鹅的镜头很恐怖，你们怎么拍的?

　　杰罗姆·梅森：我们把摄影机绑在一根大柱子上在冰下拍摄，然后和企鹅们一起潜到海底，可能我的侧面轮廓看起来像海豹海狮，差点把它们吓着了。

• 怎么得到那些动物径直走向镜头的惊险镜头的?

杰罗姆·梅森:耐心。摄影师的一生就是在耐心地等待时机。你必须在等待中理解你正在拍摄的动物,学会预测他们的反应,静观事态的发展,你还需要一点点的运气,一下子遇到上千只企鹅不是常常能碰上的好事。

• 拍摄过程中最难的是什么?

杰罗姆·梅森:在极地拍摄,最大的麻烦就是寒冷,你必须保证自己和你的器材足够温暖。当你在100英里/小时的大风里拍摄时,必须想办法保持摄像机的稳定。另外,我们拍摄的素材太多了,140个小时的素材,最后只剪了80分钟,所以必须不停地回忆以前拍过的东西以及怎么拍的,比如角色是怎么进入画面的。不过,南极洲的光线是每个摄影师的梦想,它随时都在变。重新发现那种纯净的蓝色、冰上反射的色彩,以及不知从何而来的粉色,太不可思议了。

117

企鹅的玻璃心

杰罗姆·梅森：有一次，我们在一个离住处很远的地方（南极洲法国考察站）拍摄，那场风刮得很可怕，气温迅速降到零下22摄氏度，我们整整坚持了11个小时，等到营救队来的时候，已经完全被冻傻了，我的右手完全失去了知觉，脸严重冻伤。好像是南极洲在提醒我，"记住，你只是过客"。

企鹅电影《快乐大脚》 ＞

• 剧情简介

这是属于帝企鹅的伟大时代。它们占领者着南极洲的最深处，在这个家族里，只有一个办法能够让新生的小家伙得到大家的认可——拥有一副动听的歌喉。不幸的是，马伯（伊利亚·伍德配音）是整个家族里唱歌唱得最差的那个。但是，他却是一个天生的舞蹈家，街舞跳到出神入化。马伯的妈妈诺玛·吉恩（妮可·基德曼配音），把马伯舞蹈天赋仅仅看成一个可爱的小爱好，但马伯的爸爸孟菲斯（休·杰克曼配音）却认为，不会唱歌只会跳舞的马伯根本就不是企鹅。不过它们达成共识的是，没有一副好嗓子的巴伯，可能永远也找不到真爱了。

有趣的是，不会唱歌的马伯唯一的好朋友格洛丽亚（布兰特妮·墨菲配音），正好是整个家族当中最好的歌手。虽然它们俩自出生后就一直在一起，对彼此都有特殊的感觉，但格洛丽亚总是被马伯与众不同的节奏舞步困扰着。马伯与其他帝企鹅

HAPPY FEET

IN THEATERS NOVEMBERRR 17TH

实在是太不一样了——特别是对于家族中最严厉的领导者诺亚（罗宾·威廉姆斯配音）来说。虽然诺亚的独断专行导致他最后被家族所排斥，但它一贯不依不饶的态度迫使马伯产生了离开的念头。

第一次离开家的马伯，在路上碰到了一群企鹅朋友。他们不是帝企鹅，而是阿德兰企鹅，首领叫作罗曼。阿德兰们被马伯独特的舞步深深打动，邀请它去参加一

个盛大的舞会。在阿德兰的地盘上，马伯用一块鹅卵石的代价，获得了一位头上长有奇怪羽毛，跳着摇滚舞步的流浪者的指引，它回答了马伯生命中的很多疑问。

与阿德兰和流浪者共同的旅程，给马伯的生命展开了一幅超出它想象的画卷。在经历过一些奇迹般的事情之后，不会唱歌的马伯认识到，只要忠于自己，就一定能活出不一样的人生……

企鹅的玻璃心

· 影片特色

　　首先，以企鹅作为主角的动画片几乎屈指可数。自当年《帝企鹅日记》打动无数人心之后，帝企鹅不仅是企鹅品种中人气最高的，当然也盖过诸如畸形奶牛以及憨厚大熊之类的老面孔。其次，影片的配音简直就是八星级阵容，除去本片之外，各路配音演员在其他作品中都有最佳表现，这无疑对本片的人气起到了很大的助长作用。第三，本片以时下最流行的街舞作为基础，集合了 Rap、R&B、Rock 等时尚音乐元素，把一部动画片生生拍成一部歌舞片。想想看，最可爱的帝企鹅随着节拍跳着街舞的迷人舞步，有几个人不想去影院开心一回呢？

《波普先生的企鹅》 〉

内容简介

　　油漆匠波普先生和他的家人住在宁静的静水小镇。他总是憧憬着到极地去探险，但他从未离开过家乡，好在他有一只来自南极的神气十足的企鹅——库克上校做伴。有一天，库克病了，无助的波普先生只好向水族馆求救，没想到回复他的竟然是那里的一只企鹅——葛蕾塔！现在波普先生家有两只企鹅了，并且很快就增加到了 12 只。这些小家伙给波普一家带来了无尽的欢乐，可每天巨大的开销着实让人伤脑筋，后来他们发现，这群小企鹅简直就是天生的表演家！为了解决家庭经济危机，波普先生想，干脆去剧场表演吧！波普太太还成了它们的乐师呢！在一家人的默契配合下，"波普演艺企鹅"红遍了美国东西海岸。转眼间已是 4 月初了，变暖的天气实在令企鹅们无所适从，不过波普先生已经为它们找到了最好的归宿……

• 作者简介

　　理查德·阿特沃特 1892 年出生于美国的芝加哥，并在那里完成了学业。在经历了第一次世界大战期间的一段军旅生涯后，他回到了芝加哥大学教授希腊文，并跟弗洛伦斯结婚。后来，他成为一名报纸专栏作家。有一次，理查德与两个女儿一起观赏了一部关于极地的影片，这部影片触发了他写《波普先生的企鹅》一书的灵感，没想到书稿还未完成，理查德便一病不起。他的妻子弗洛伦斯接手了他的工作，并使这本书于 1938 年得以正式出版。1939 年，该书荣获纽伯瑞儿童文学奖银奖。

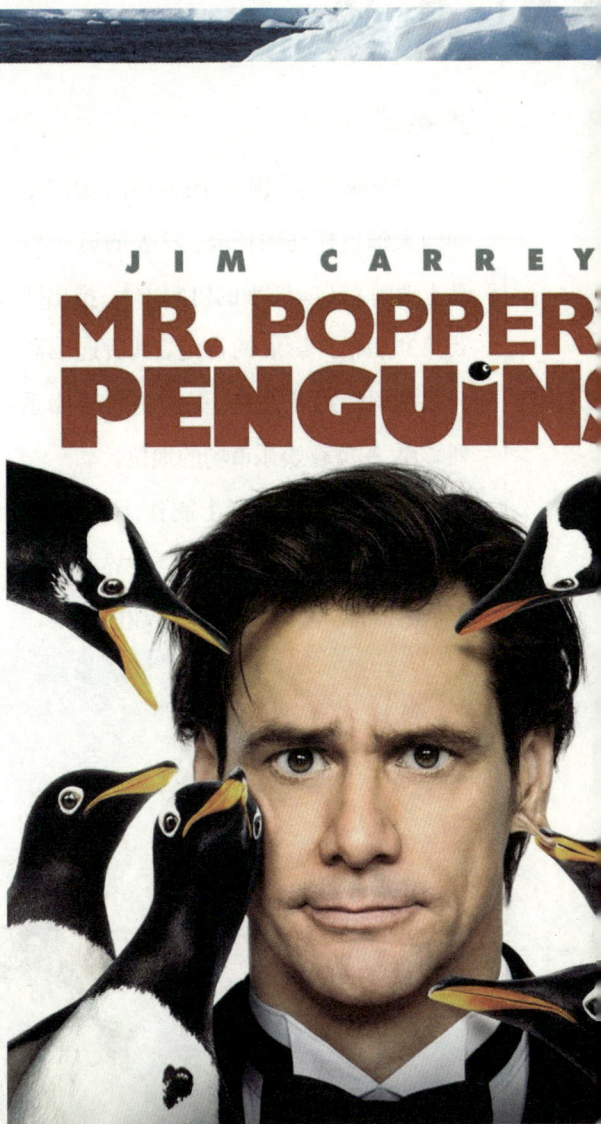

企鹅的玻璃心

企鹅家族 〉

"企鹅家族"诞生于1986年，由瑞士动画大师奥托马固托曼，发表的试验性黏土动画《从南极来的PINGU》，推出即获第37届柏林影展的肯定，其后连续获得多项国际影展大奖，奠定企鹅家族系列影片，在寓教娱乐市场的地位。

企鹅家族是由瑞士制作，风靡全世界的一部黏土动画卡通，以全世界共通的"企鹅语言"沟通，生动，逗趣的画面，加上诙谐、丰富的故事内容，贴切的刻画出亲情和友情的温馨气氛，更是牢牢地抓住了每一个人的心，企鹅家族俨然已成为全世界家喻户晓的卡通人物，而这个故事发生在遥远的南极世界，爸爸、妈妈、爷爷、PINGU、PINGA和小海豹这部温馨故事系列中的基本成员，而题材的来源正是取自它们日常生活中的点点滴滴……

• 角色简介

在瑞士苏黎士以陶土制作的企鹅家族，是以PINGU为主轴的一些有关家庭及学校的小故事，有爸爸、妈妈、妹妹（PINGA）、好朋友（小海豹ROBBY）及女朋友（PINGI），它们在整个企鹅、鹅家族的故事中，扮演着举足轻重的角色。

PINGU：个性开朗活泼、爱恶作剧、直肠子、精力旺盛、好动，但作为一个哥哥，因为有这样的性格，让爸妈觉得不可靠。

PINGA：PINGU的妹妹，当她还在蛋壳里时，PINGU很认真地守候着她，所以即使兄妹常常吵架，它们俩的感情还

是很好。

　　PAPA：爸爸的工作是邮差，他很辛勤的工作，也是一个全心全意爱家的好父亲，而且它常常赞赏 PINGU 帮他送信。

　　MAMAN：非常和蔼可亲的母亲，自从妹妹出生之后，就比较偏重照顾妹妹，所以 PINGU 感到忌妒、寂寞。

　　ROBBY：和 PINGU 感情很好的一只海豹，也是它最好的朋友。

PINGU®

* 所获荣誉

　★ 第 37 届柏林影展获奖　　　　　★ 第 18 届日本赏"前田赏"

　★ 瑞士儿童影展获奖　　　　　　　★ 德国慕尼黑青少年节目赏

　★ 印度第 6 届儿童影展"银之奖状"　★ 第 3 届开罗国际儿童影展获奖

　★ 纽约影展获奖　　　　　　　　　★ 第 2 届德国儿童电视节目展获奖

企鹅的玻璃心

"马达加斯加"的企鹅 ＞

动画片《马达加斯加》让观众认识了一群令人捧腹的动物，而其中最令人忍俊不禁的，绝对要数那几只企鹅了。本·斯蒂勒配音的狮子亚历克斯曾经对企鹅做过一个简短的评价：企鹅就是神经病！这是在第一部《马达加斯加》电影中的一句很令人难忘的台词。根据动画电影《马达加斯加》改编的26集动画电视剧《马达加斯加的企鹅》于2009年上半年在Nickelodeon电视台播出。4只企鹅：Skipper老大、Kowalski卡哇伊、Rico凉快和Private菜鸟又回到了纽约的中央公园动物园，并有了新的冒险。"马达加斯加"中的另一对角色：古怪国王朱利安和狐猴莫里斯也有了新的表演，最明显的就是国王朱利安总是与疯狂的企鹅发生冲突。4只企鹅的搞笑怪诞给大家留下深刻印象。它们机智勇敢，追求团队精神，相互协作，帮助其他动物，办事很有效率。同时又与狐猴发生一系列疯狂有趣的故事。

124

• 剧情简介

当 Alex 它们还在非洲度假时，企鹅们早已回到了纽约动物园，并且继续执行它们的秘密任务，并帮助动物园里的动物们。在动物园里，它们认识了一些朋友，而且在马达加斯加自称为王的狐猴 Julien 和它的"小跟班"Maurice 和 Mort 也来到了动物园。

• 角色特点

Skipper（老大）

企鹅们的领导，勇敢而机智、理性，很有责任感，工作能力很强，遇事不慌张，是个沉着冷静的领导者。具有很高的威望，颇具领导才能，说话爱拖长音，外表稳重其实非常害怕打针。当其他企

鹅让他不满时，它经常会扇它们的耳光。

Kowalski（卡哇伊）

个子最高，文武双全，精通各种科学知识和操作技术，爱搞发明（超级危险的发明），算术好，是队伍不可缺少的的重要人物，常用一个红色算珠的算盘进行科学计算，害怕看牙医。

Private（菜鸟）

最年轻的一个，常被老大说成是小孩子，Kowalski 曾指着菜鸟吼道："太傻太天真！"性格温和可爱，善良有爱心，喜欢小动物，情商高，二等兵地位（后来升为一等兵）。虽说 4 只企鹅都出生于纽约，但是 Private 却讲一口英国腔的英语。喜欢吃甜食，特别是花生软糖。害怕獾，十分讨厌昆虫。

Rico（凉快）

话不多但是疯狂，声音非常沙哑，爱动刀子，喜欢爆破，它的胃是企鹅们日常"行动"的装备库，任何乱七八糟但都相当有用的工具都由它吞入胃里携带，需要时吐出。看似疯狂又危险（Skipper 曾经说它是世界级的精神病患者），但事实上它还是个忠诚于队伍的善良的企鹅。有一个玩具娃娃作为女友。它任何时候，任何地点都可以睡觉，厨艺高超。

QQ的企鹅标志

腾讯公司于1998年11月在深圳成立，是中国最早也是目前中国市场上最大的互联网即时通信软件开发商。1999年2月，腾讯正式推出第一个即时通信软件——"腾讯QQ"；并于2004年6月16日在香港联交所主板上市。

腾讯网新的品牌标识中，由绿、黄、红三色轨迹线环绕的小企鹅标识构成了品牌标识的主体，也是品牌标识中最为醒目的部分，它将腾讯网"以用户价值和需求为核心"的品牌内涵体现无余。球形标识以QQ为中心，向外扩散成不断运转的世界，喻示腾讯从最大的即时通讯社区起步，随着用户需求和互联网应用的发展，业务范围和运营领域不断拓展；围绕主球体发散的彩色轨迹线，强调不断流转、延伸的意义，喻示腾讯网以用户价值和需求为核心的不断发展，不断满足人们在线生活的多种需求。QQ原来叫OICQ，OICQ的来源是open icq, icq的是目前仍在用的通讯软件，含义是I SEEK YOU。腾讯的OICQ因为害怕名称被告侵权，就征集了一次OICQ的新名字，在OICQ之前，很多Q友就将OICQ亲切的称为QQ，所以一征集新名，QQ自然上榜，称为腾讯OICQ的新名字。

图书在版编目（CIP）数据

企鹅的玻璃心 ／ 于川编著.－北京：现代出
版社,2014.1
ISBN 978-7-5143-2079-4

Ⅰ．①企… Ⅱ．①于… Ⅲ．①企鹅目－普及读物
Ⅳ.①Q959.7-49

中国版本图书馆CIP数据核字(2014)第040072号

企鹅的玻璃心

编　　著：	于　川
责任编辑：	王敬一
出版发行：	现代出版社
地　　址：	北京市安定门外安华里504号
邮政编码：	100011
电　　话：	(010) 64267325
传　　真：	(010) 64245264
电子邮箱：	xiandai@cnpitc.com.cn
网　　址：	www.modempress.com.cn
印　　刷：	汇昌印刷（天津）有限公司
开　　本：	710×1000　1/16
印　　张：	8
版　　次：	2017年3月第1版　2021年3月第3次印刷
书　　号：	ISBN　978-7-5143-2079-4
定　　价：	29.80元